✿ 輕鬆享受幫心愛角色製衣&換裝的樂趣 ✿

第一本黏土娃
服裝製作書

本書是為了替「黏土娃」縫製布質服飾而打造的裁縫教本。

用自己挑選的布料、線、緞帶……

為最珍愛的「黏土娃」親手縫製的服飾，肯定是獨一無二最特別的。

希望本書對於想要製作娃娃服飾的各位能有所幫助。

CONTENTS

使用的身體…黏土娃 archetype：Girl（cream）
黏土娃 archetype：Boy（cream）
使用的頭部…Emily/Ryo/愛麗絲/白兔/瘋帽子
紅心皇后 皆為 Good Smile Company 製品

制 服　designed by QP（岡 和美）

水手服

designed by M・D・C（Omoiataru）

哥德蘿莉風

designed by M・D・C（Omoiataru）

巫女

designed by 螢之森工房（尾園 一代）

和服

designed by 螢之森工房（尾園 一代）

牛仔風

designed by QP（岡 和美）

外套

designed by QP（岡 和美）

How to make

這個部分要介紹的是基本的用具、素材、製作小衣服的獨特訣竅，
以及本書刊載的作品之作法解說。

❀ 關於用具

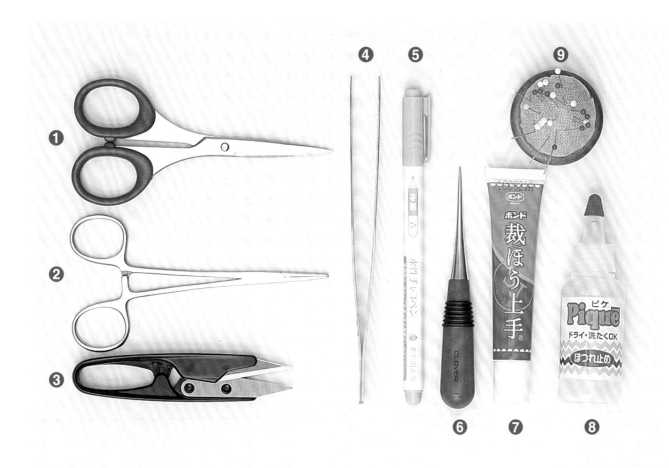

❶ 手藝用剪刀
裁剪布料時使用。因為細小的部件很多，建議選擇拼布等等專用的小剪刀會比較好用。由於剪紙會損傷刀刃，所以剪紙用的剪刀最好另外準備。

❷ 返裡鉗
把袖子或褲子的下擺翻面時使用。

❸ 線剪
剪線或是需要在布上剪出牙口時都很方便。要選擇到尖端為止都很鋒利的剪刀才好。

❹ 鑷子
放置細小配件、或是把緞帶穿過蕾絲的時候使用。末端尖細的會比較好用。

❺ 記號筆
做記號時使用。有水消型、以及用熨斗燙過就會消失的熱消型等各式各樣的種類。黑布的情況，建議使用白色的自動粉土筆。

❻ 錐子
車縫時用來幫助送布。由於小玩偶服在車縫時很難推進，所以要用工具來加以輔助。除此之外，在推出尖角或拆掉縫線等時候也用得到。

❼ 布用接著劑
車縫細小部件之前用來暫時固定。

❽ 防綻液
縫份收尾時使用。基本上是整個配件都要塗抹到。

❾ 珠針／手縫針
珠針是在接合配件或暫時固定時使用。手縫針是手縫時使用。兩者最好都選擇拼布專用的細針。

※其他用途及剪紙用的剪刀或美工刀要另外準備。

✿ 紙型的使用方法

書卷末附有含縫份的實物大紙型。
請影印下來或描繪到薄紙上使用。

● **布紋線**
放置紙型時，箭頭和布料兩端的
布耳（布邊）要保持平行。

前身片 ×1

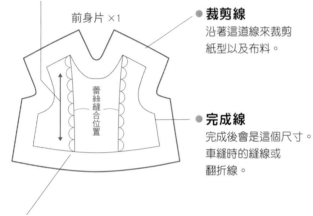

● **裁剪線**
沿著這道線來裁剪
紙型以及布料。

● **完成線**
完成後會是這個尺寸。
車縫時的縫線或
翻折線。

● **配件縫合位置**
鈕釦或蕾絲
等等的縫合位置。

● **配件名稱／數量**
用來標示配件的名稱及
需要的數量。

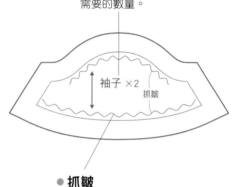

● **抓皺**
需要抓皺的地方以波浪線
來表示。

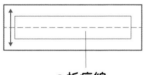

● **折痕線**
用熨斗燙出折痕的線。
以虛線來表示。

✿ 紙型的描繪方法 ✿

❶ 把紙型影印下來或描繪到薄紙上，依照裁剪線剪下之後放置在布上。將裁剪線描繪到布上。

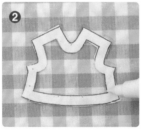

❷ 如圖片所示，把內側完成線的中間部分用剪刀或美工刀挖空。將完成線描至布上。

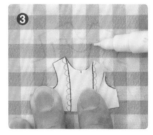

❸ 在描繪的同時也要仔細確認蕾絲或鈕釦的縫合位置。

❹ 依照裁剪線把布裁剪好，在布邊塗上防綻液。

※本書僅限個人使用。不得將本書刊載的紙型或只做部分變更的作品用於販售・租借・講習會或以網拍方式進行交易。

✿ 關於素材

素材的選擇對於小娃娃服的製作也非常重要。
在這一頁介紹的，都是製作本書刊載的作品時實際上使用的針、線和布料。

● 布料

布料要盡量使用薄一點的材質。花色布料的情況，要選擇適合小衣服的花樣。

| T/C 絨面呢 | 棉絨面呢 | 棉華爾紗 | 針織天竺棉 |

特多龍和棉的混紡布料。帶有適度的彈性，很適合用來製作具厚重感的衣物。

薄而柔軟，很容易使用的質地。圖片是先染格子布。

薄到可透視到後方的布料。主要是作為裡布使用。

伸縮性布料。使用於針織衫及毛衣等等。質地非常薄的也可以用來製作襪子。

| 葛城厚斜紋布 | 丹寧布 | 平布 | 皺綢 |

   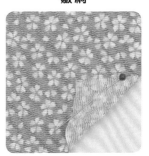

在本書中主要皆用於製作帽子（p.74）。因為具有彈性且不易變型，所以很適合用來製作小物。

盡量挑選薄一點的，如製作襯衫用的丹寧布來使用。

使用於和服及和服褲裙。雖然織目比棉華爾紗略粗了一點，但很能展現出和服的氛圍。

具有凹凸質感的布料。使用於和服。也可以把充滿特色的布料當作衣服的一部分來使用，藉此強調設計感。

● 車縫線

盡量使用細一點的線，並配合車針或布料來選擇。在本書的製作流程中使用的都是「Fujix Schappe Spun 90 號車縫線」。
※ 為了容易看懂，有時會改變線的顏色。

● 車針

使用薄布用的 7～9 號針。

❋ 手縫的基本技巧

沒有縫紉機的人,也可以用手縫方式來製作衣服。
用手縫方式縫出漂亮成品的訣竅就在於,以同樣的間隔一針一針仔細縫製。
車縫派的人也建議適當地採用手縫,因為細微部分或立體的地方有時用手縫反而更快、更漂亮。

● 針

最好選擇拼布使用的細針。

● 線

因為是小衣服,所以用車縫專用的細線來縫也沒問題。
但在厚布重疊的位置或需要牢固縫合的地方最好使用手縫專用線。

❋ 平針縫

最普遍的縫法。把裁片接合時使用。

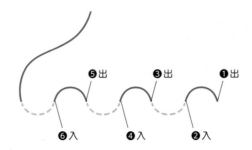

❋ 全回針縫

正面的線跡看起來就像車縫的一樣。
相當牢固的縫法,通常是用在股下及脇邊。

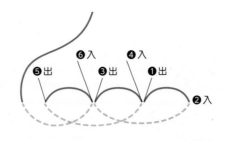

❋ 半回針縫

適用於伸縮性布料的縫法。
建議用來縫製針織素材或襪子等等。

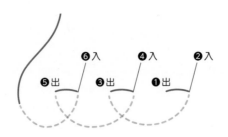

✿ 小娃娃服的縫製訣竅

以下是製作小衣服的獨特訣竅和技巧的介紹。
所有服裝的共通點就是，一針一針仔細地縫。
由於衣服很小，即使是1mm的誤差也會對成品造成很大的影響，所以一定要小心縫製。

✿ 縫份要細心地剪掉！

為了盡量不顯露厚度，縫份用縫紉機車縫之後要先剪掉3mm左右。

只是把需要倒下的那一側的縫份剪短而已就能夠減少厚度，展現俐落的感覺。

✿ 避開縫份來縫合！

翻回正面的時候，要避開縫份來縫合以免拉扯到布料。
縫到縫份為止之後做回針縫，暫時把針抽出，避開縫份之後再重新入針繼續縫合。

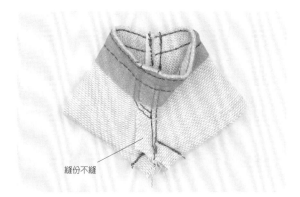

縫份不縫

為了讓縫合的角度變成銳角，在縫合褲子的股下（如圖片）或脇下的時候要避開縫份來縫。

✿ 不要回針，把線抽出來打結！

襪子的腳尖等不希望做出厚度的地方，在車縫時不要回針，把線拉出來以打結的方式收尾。

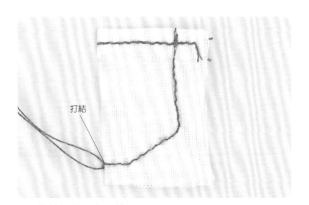

打結

把2條線打結固定，剪短。

✿ 小而難縫的東西可先縫再剪！

魔鬼氈等配件，一旦剪小之後就很難用手指壓住，而且容易滑動很不好縫。遇到這種情況時，不妨採取以大塊的狀態縫好之後再剪小的方法。

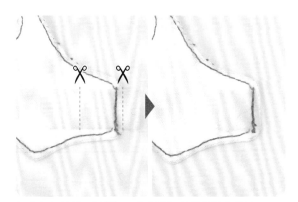

把魔鬼氈剪長一點縫好，之後再把多餘的部分剪掉。

制服 — Boy —

Photo → p.4
紙型 → p.99

每件單品都是很好搭配的基本款。格子花樣的五分褲接合時要對齊花樣是重點所在。領子和肩膀周圍的曲線部分,若先用疏縫線手縫固定再正式車縫的話就能減少失敗。領帶的作法是小衣服特有的巧思,可多做幾種顏色來搭配。

西裝外套

Back

襯衫

Back

背心

Back

褲子

Back

襪子

材 料

❀ **西裝外套**
- 棉絨面呢…20×15cm
- 接著襯…4×2cm
- 直徑4mm鈕釦…2個

❀ **襯衫**
- 細棉布…18×10cm

- 魔鬼氈…0.8×3cm
- 6mm寬緞帶…10cm

❀ **背心**
- 針織天竺棉…20×10cm
- 接著襯…3.5×1cm
- 魔鬼氈…0.8×2.5cm

❀ **褲子**
- 棉絨面呢…15×7cm
- 接著襯…7×1.5cm
- 魔鬼氈…1×1cm

❀ **襪子**
- 針織天竺棉…8×3cm

❋ 製作襯衫

1

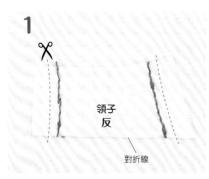

把領子正正相對折成兩半,縫合兩端。將縫份剪掉一半。

2

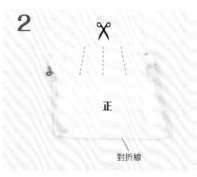

翻回正面,用熨斗燙過調整形狀。在領口側剪出牙口。左右同樣地共製作2片。

3

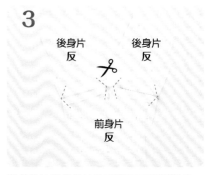

把前身片和後身片的肩膀正正相對縫合。用熨斗燙開縫份,把縫份的角剪掉。

4

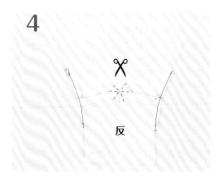

把袖口依照完成線折好,車縫起來。在領口剪出牙口。

5

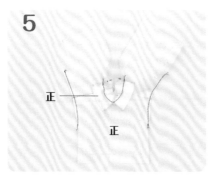

把領子縫合上去。先以手縫方式假縫固定再正式車縫的話就能減少失敗。

6

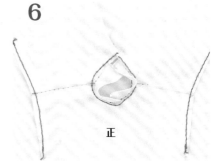

把領子立起來,將縫份倒向身片側。從正面車縫壓線。

7

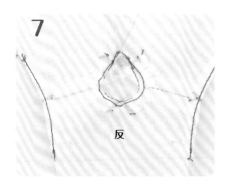

從反面看的樣子。

8

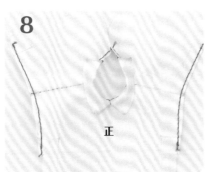

用熨斗燙過,把領子的形狀調整好。

9

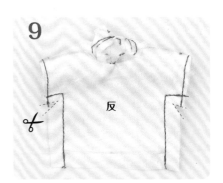

把身片正正相對疊好,縫合脇邊。在腋下如圖片所示剪出V字缺口。

10

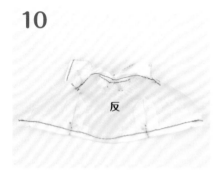

反

把下擺依照完成線折好，車縫起來。

11

魔鬼氈
（公）
反

魔鬼氈
（母）
正

反

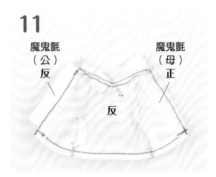

把後身片的縫份依照完成線折到內側，如
圖片所示縫上魔鬼氈。

✿ 製作領帶

1

4 cm

6 cm

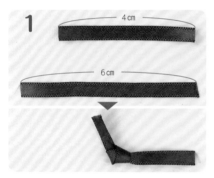

製作領帶。把剪成4cm、6cm的緞帶準
備好。將6cm的緞帶在1/3的位置打1次
結。

2

抽出

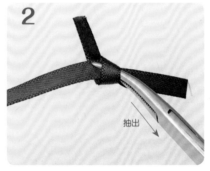

把4cm的緞帶，利用鑷子或返裡鉗穿過
6cm緞帶的結眼。

3

折疊

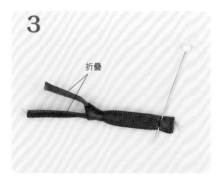

把脖子側的緞帶縱向對折，用接著劑黏住
固定。

4

把結眼以手縫方式固定。

5

把尾端剪成領帶的形狀，塗上防綻液。

6

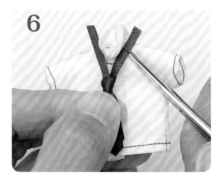

配合襯衫的領子剪掉多餘的部分，以手縫
方式縫上固定。

✿ 製作褲子

1

把脇邊的褶子縫好，用熨斗燙過讓褶子倒向後側。

2

把下擺車縫起來，左右同樣地製作2片。

3

把左右褲子的前股上正正相對縫合起來。

4

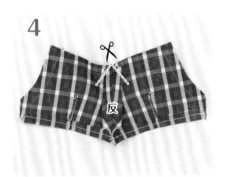

把3攤開，用熨斗燙開縫份，把縫份的角剪掉。

5

從正面，把接著襯疊在腰頭上縫合。將縫份剪掉一半。

6

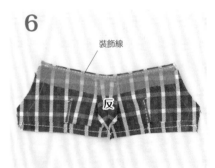

連同縫份折到反面，用熨斗燙過讓接著襯黏合。在腰頭壓上裝飾線。

7

從正面看的樣子。

8

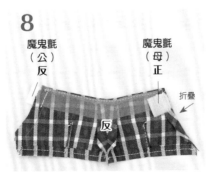

把右側的縫份依照完成線折到內側，如圖片所示縫上魔鬼氈。

9

正正相對接合，把後股上縫合起來。

10

把9攤開，將股下接合起來。要避開縫份來縫合（參照p.21），以免股上部分起皺。翻回正面就完成了。

✿ 製作背心

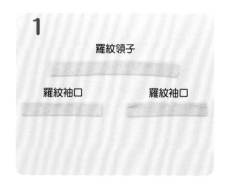

1

羅紋領子

羅紋袖口　　　羅紋袖口

把羅紋領子、羅紋袖口對折，用熨斗燙平。以布用接著劑稍微黏住。

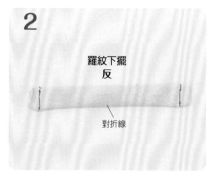

2

羅紋下擺
反

對折線

把羅紋下擺對折，將兩端正正相對車縫起來。

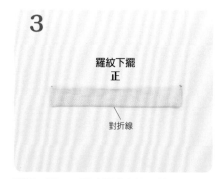

3

羅紋下擺
正

對折線

翻回正面，用熨斗燙過調整形狀。

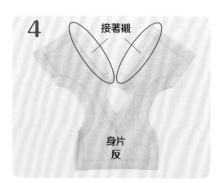

4

接著襯

身片
反

在後面中心的縫份上，把接著襯用熨斗貼上去。

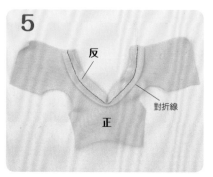

5

反

對折線

正

把羅紋領子和身片正正相對縫合起來。針織天竺棉因為容易捲曲，所以要以手縫方式假縫固定再進行車縫。

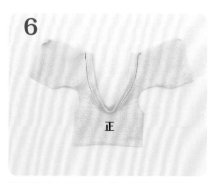

6

正

把縫份倒向身片側，從正面在身片的領口邊緣車縫壓線。將縫份剪掉一半。

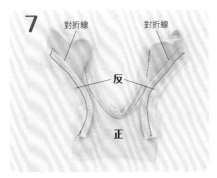

7
對折線　　　　對折線
反
正

把羅紋袖口和身片正正相對縫合起來。和5一樣，要先以手縫方式假縫固定再進行車縫。

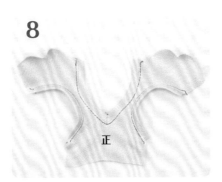

8
正

把縫份倒向身片側，從正面在身片的袖孔邊緣車縫壓線。將縫份剪掉一半。

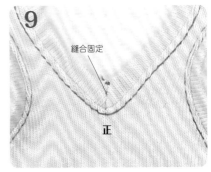

9
縫合固定
正

抓起V領的中央部分，以手縫方式縫合固定。

10
反

把身片正正相對疊好，縫合兩側脇邊。

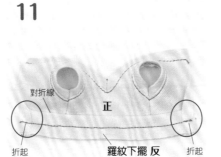

11
對折線　　　　正
折起　　羅紋下擺 反　　折起

把身片的後面邊端的下方部分依照完成線折起，將羅紋下擺正正相對重疊縫合。

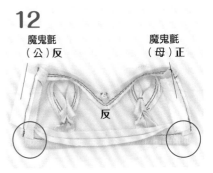

12
魔鬼氈　　　　　　魔鬼氈
（公）反　　　　　（母）正
反

把在11折起的地方翻到正面，將身片的後面邊端依照完成線折起，如圖片所示縫上魔鬼氈，完成。

✿ 製作西裝外套

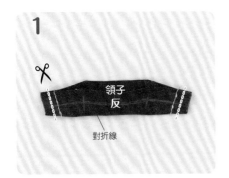

1
✂
領子
反
對折線

把領子正正相對折好，縫合兩端。將縫份剪掉一半。

2
正

翻回正面，以錐子推出尖角，用熨斗燙過調整形狀。

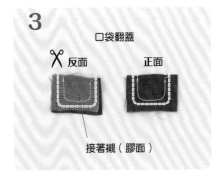

3
口袋翻蓋
✂　反面　　　　正面
接著襯（膠面）

製作口袋翻蓋。把接著襯和布料重疊起來縫合。將縫份剪掉一半。

4

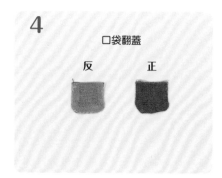

口袋翻蓋

反　正

翻回正面，以錐子推出尖角。用熨斗燙貼黏合，調整形狀。

5

把身片正正相對疊好，縫合肩膀。用熨斗燙開縫份，把縫份的角剪掉。

6

領子 正

折起　　折起

正

縫上領子。先以手縫方式假縫固定再正式縫合。縫合時，要將前端依照完成線折好，一起縫進去。

7

正

翻回正面。由於先前折好的前端部分會變成西裝外套的領子，所以要先以錐子等等推出尖角再用熨斗燙過調整形狀。

8

袖子
反

製作袖子。把袖口折到內側車縫起來。在肩膀部分用疏縫線做平針縫，把線稍微拉緊做出弧度。

9

袖子　　反　　袖子

把袖子和身片正正相對接合起來。由於立體造型較難車縫，最好先以手縫方式假縫固定再進行車縫。

10

反

縫合脇邊。袖下要以避開縫份的方式來縫合（參照p.21），以免袖子起皺。

11

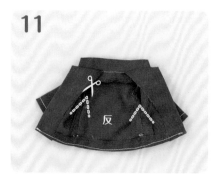

反

把脇邊的縫份用熨斗燙開，在圖片的位置剪開。把袖子翻回正面，車縫下擺。

12

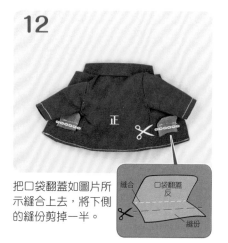

正

把口袋翻蓋如圖片所示縫合上去，將下側的縫份剪掉一半。

縫合　口袋翻蓋
反

縫份

13

把口袋翻蓋以手縫方式縫合固定。以手縫
方式縫上鈕釦、釦孔造型的縫線，完成。

✿ 製作襪子

1

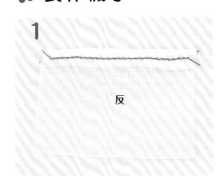

把開口反折，車縫固定。

2

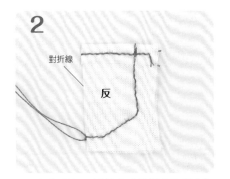

對折線

反

正正相對疊好，沿著完成線縫合至腳尖為
止。為避免腳尖產生厚度，要把線拉出來
打結（參照p.21）

3

正

把縫份剪成3mm，翻回正面，完成。

制服 — Girl —

Photo → p.4
紙型 → p.100

圓領背心裙配上貝雷帽和三折短襪，充滿經典氛圍的學校制服。裙子部分是百褶設計，記得用熨斗確實燙出褶子。針織外套的裝飾部分，例如用珠子作為鈕釦，用熱轉印貼紙來表現刺繡花樣等等，都是很適合運用在小衣服上的製作巧思。

針織外套

Back

貝雷帽

上衣

Back

背心裙

Back

三折短襪

材 料

✿ 背心裙
- 棉絨面呢（格紋）
  …30×15cm
- 棉華爾紗（素面）
  …10×10cm
- 魔鬼氈…0.8×3.5cm

✿ 上衣
- 細棉布…18×10cm
- 魔鬼氈…0.8×3cm
- 6mm寬緞帶…10cm

✿ 針織外套
- 針織天竺棉（粉紅）…15×15cm
- 針織天竺棉（白）…15×10cm
- 1.5mm寬緞帶…10cm
- 1.5mm寬珠子…3個
- 熱轉印貼紙…1×2cm
- 繡線…適量

✿ 貝雷帽
- 棉法蘭絨…20×10cm
- 5mm寬羅緞緞帶…15cm

✿ 三折短襪
- 針織天竺棉…8×3cm

❁ 製作上衣

1

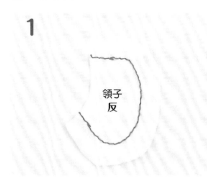

把領子的表布和裡布正正相對縫合起來。

2

把一邊的縫份用熨斗燙開折到內側。縫份也要剪掉一半。做了這樣的處理之後，才能簡單又美觀地翻回正面。

3

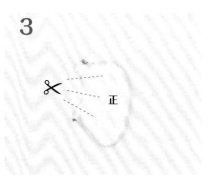

翻回正面，用熨斗燙過調整形狀。之後的流程和**制服—Boy—**「製作襯衫」3～11（p.23、24）相同。

❁ 製作蝴蝶結

1

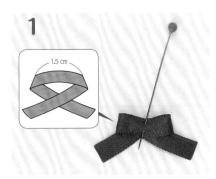

如圖片所示把緞帶折好，中心再用珠針固定。

2

在中央用線纏繞幾圈之後，以手縫方式縫住固定。

3

修剪成適量的長度，塗上防綻液。以手縫方式縫在上衣上，完成。

❁ 製作背心裙

1

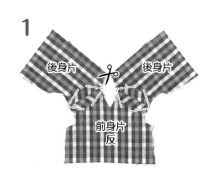

把前身片和後身片的肩膀正正相對縫合起來。把縫份的角剪掉。

2

在身片部分加上裡布。將棉華爾紗配合斜紋面料的大小剪成四方形，正正相對疊好，只縫合領口和袖孔部分。

3

縫合完畢的樣子。

4

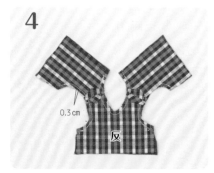

0.3 cm

反

把棉華爾紗依照身片的形狀剪下來。將領
口、袖孔的縫份剪掉一半。

5

反

利用返裡鉗翻回正面。

6

正

翻回正面的樣子。

7

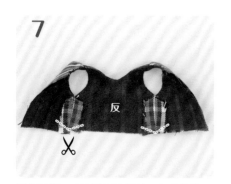

反

縫合脇邊。用熨斗燙開縫份,把角剪掉。

8

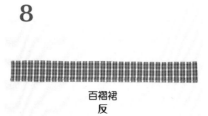

百褶裙
反

製作裙子部分。把下擺依照完成線折好,
車縫起來。

9

正

依照紙型的指示,用熨斗燙出裙子的折
痕。

10

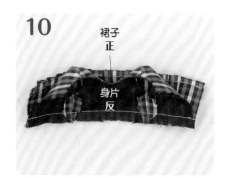

裙子
正

身片
反

把身片和裙子正正相對疊好,縫合腰頭部
分。

11

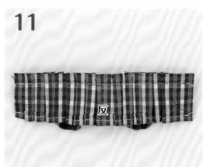

反

從裙子側看的樣子。

12

正

把裙子倒向下方,沿著身片的邊緣車縫壓
線。

13

魔鬼氈（公）正

魔鬼氈（母）正

正

反

折起

如圖片所示縫上魔鬼氈。右身片側要依照完成線折起來縫合。左身片不必折起，把魔鬼氈的邊端對齊完成線車縫起來。

14

反

縫合

正正相對接合，從後裙子的開口止點縫合至下擺為止。翻回正面就完成了。

point 確實做出折痕的方法

要在小塊的布上用熨斗燙出細小的折痕，有時候是很困難的。

遇到這種情況之時，只要先剪出1mm左右的缺口就能輕易做出折痕。

這次在製作背心裙的褶子時也是先剪出缺口再做出折痕。

在需要做出折痕的位置剪出缺口

✿ 製作針織外套

1

胸前的菱形圖案在裁剪布料之前先做好的話，就不容易偏離指定位置。把熱轉印圖案剪下來燙貼在布料上。

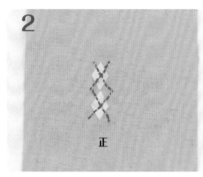

2

以手縫方式加入刺繡。

3

放上紙型，把布料裁剪好。紙型上的菱形部分要先挖空。

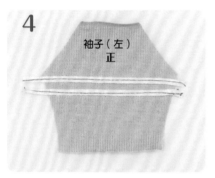

4

製作袖子。在左袖的指定位置以0.2cm的間距縫上緞帶，最後剪掉多餘的部分。

5

把袖口的羅紋布對折，如圖片所示正正相對縫合起來。

6

把縫份倒向上方，用熨斗燙過調整形狀。右袖也同樣地縫上羅紋布。

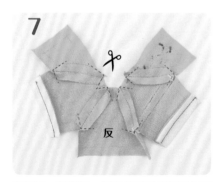

7

把袖子、前身片、後身片正正相對接合起來。用熨斗燙開縫份，把角剪掉。

8

接下來是縫合脅邊和袖下。

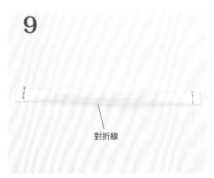

9

製作下擺的羅紋布。對折起來，車縫兩端。

10

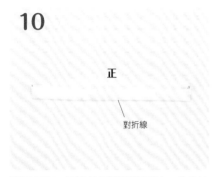

正

對折線

翻回正面,用熨斗燙過調整形狀。前身片的羅紋布也以同樣方式製作。

11

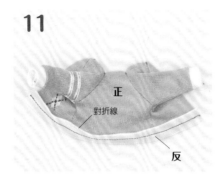

正

對折線

反

把下擺的羅紋布正正相對縫合上去。

12

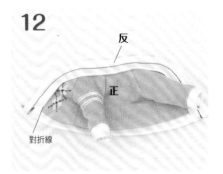

反

正

對折線

把前身片的羅紋布正正相對縫合上去。

13

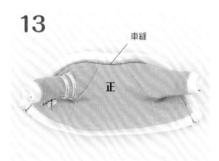

車縫

正

把縫份倒向身片側,用熨斗燙過調整形狀。從正面在前身側的邊緣車縫壓線。

14

以手縫方式在鈕釦的位置縫上珠子,完成。

point 熱轉印貼紙

不容易刺繡或織入,但又很想加上花樣或重點標誌的時候,最方便的方法就是利用熱轉印貼紙。這裡的針織外套是剪成菱形來使用,也可剪成其他形狀,非常方便實用的小東西。只要以剪刀剪下放在布上用熨斗燙過,就能將花樣轉印到布上了。

プリントシートを切り抜いてTシャツや布の上に置いてアイロンを掛けるだけ

きりえプリント

✿ 製作貝雷帽

1

在側邊的一側用疏縫線做平針縫，把線拉緊做出弧度。

2

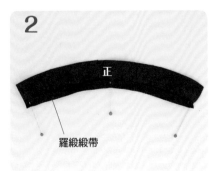

把剪成15cm的羅緞緞帶用珠針固定在正面。

3

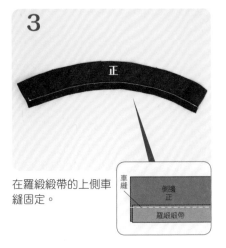

在羅緞緞帶的上側車縫固定。

4

從反面看的樣子。車縫之後把疏縫線拆掉。

5

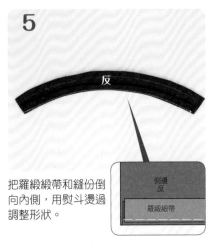

把羅緞緞帶和縫份倒向內側，用熨斗燙過調整形狀。

6

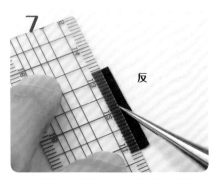

將兩端正正相對接合，車縫之後用熨斗燙開縫份，把縫份的角剪掉。

7

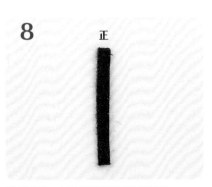

製作頂端的提紐部分。用錐子做出折痕。

8

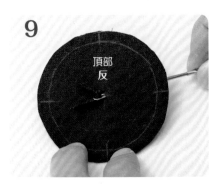

對折之後，以布用接著劑黏住固定。

9

在頂部的中央用錐子戳洞，以返裡針等工具將提紐穿到正面。

10

把提紐拉出0.5cm左右。

11

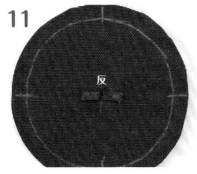

在反面如圖片所示左右攤開,以布用接著劑黏住固定。

12

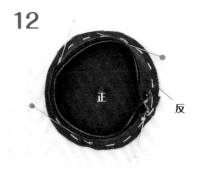

把側邊和頂部正正相對接合,以珠針固定。車縫之前先以手縫方式假縫固定。

13

車縫之後的樣子。

14

縫份

把縫份燙開。翻回正面,完成。

❀ 製作三折短襪

1

折成三折

襪子
正

看著正面,把開口折成三折。

2

之後的流程和**制服—Boy—**「製作襪子」**2～3**(p.29)相同。

水手服 ─Boy─

Photo → p.6
紙型 → p.102

水手服只要改變領子或條紋的顏色，就會呈現出大不相同的氛圍。這次是以條紋和布料為同色系的搭配來營造古典氛圍。大量抓皺的袖子，也充滿古董玩偶般的氣息。

水手服上衣

Back

短褲

Back

襪子

材 料

🌸 **水手服上衣**
- T/C軋別丁（表布用）…20×20cm
- 細棉布（領子的裡布用）…6×5cm
- 2mm寬緞帶…30cm
- 直徑4mm鈕釦…3個
- 緞帶（刺繡用）…10cm
- 魔鬼氈…0.5×2cm

🌸 **短褲**
- T/C軋別丁…15×10cm
- 魔鬼氈…0.8×1cm

🌸 **襪子**
- 針織天竺棉…8×4cm

✿ 製作水手服上衣

1

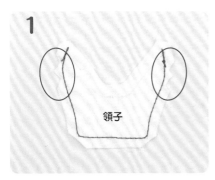

把領子的表布和裡布正正相對縫合。將曲線部分如圖片所示剪好。

2

翻回正面，以錐子推出尖角，調整形狀。

3

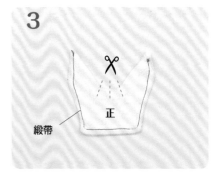

縫上緞帶。在領口的縫份剪出牙口。

4

把後身片和前身片的肩膀部分正正相對縫合。縫份用熨斗燙開，剪掉一半。

5

製作袖子。把袖口對折，縫上緞帶。

6

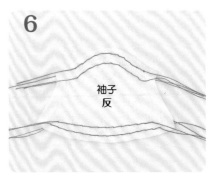

袖子部分，是在肩側和袖口側各車上2道抓皺用的縫線，做出皺褶。

7

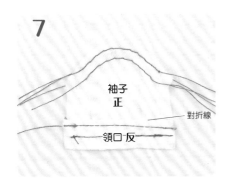

把袖子和袖口正正相對縫合。

8

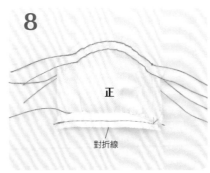

把袖口的縫份倒向袖子側，用熨斗燙過調整形狀。

9

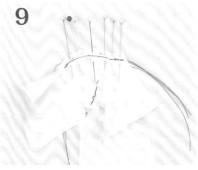

把袖子和身片的肩膀部分正正相對縫合。如圖片所示用珠針仔細固定之後再車縫起來。

10

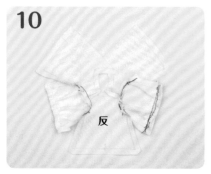

反

縫上兩個袖子之後的樣子。縫合完畢之後，把抓皺用的縫線拆掉。

11

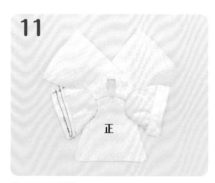

正

從正面看的樣子。

12

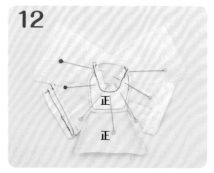

正

正

領子先用珠針固定好再車縫起來。

13

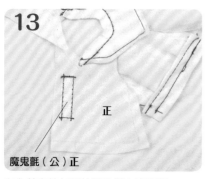

正

魔鬼氈（公）正

在左前身片如圖片所示縫上魔鬼氈。

14

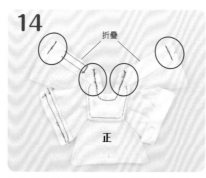

折疊

正

把左前身片的前端依照完成線折到正面，將圖片的位置縫合。

15

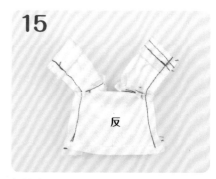

反

把脇邊、袖下正正相對縫合起來。

16

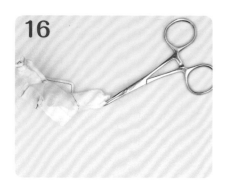

用返裡鉗把袖子翻回正面。

17

把身片的前端也翻回正面。以錐子推出尖角，再用熨斗燙過調整形狀。

18

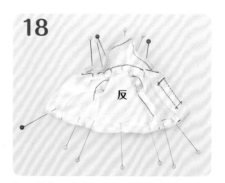

反

把下擺依照完成線折好，用珠針固定。把領子的縫份倒向身片側，用珠針固定。

19

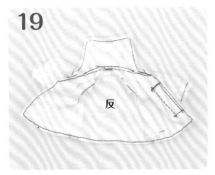

反

沿著身片的周圍車縫一圈。

20

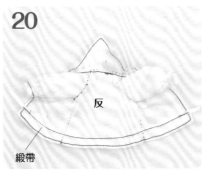

反

緞帶

在下擺縫上緞帶。

21

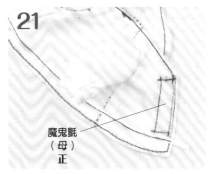

魔鬼氈
（母）
正

在右前身片的前端如圖片所示縫上魔鬼氈。

22

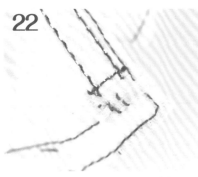

把緞帶的端邊如圖片所示折到內側，以手縫方式縫住固定。

23

把刺繡用的緞帶打成蝴蝶結，以手縫方式縫合固定，最後再縫上鈕釦就完成了。

point 車縫小配件的時候

車縫緞帶或魔鬼氈等等小配件的時候，只要利用錐子輔助推進，就能順利把手指搆不到的地方車縫好。

point 小蝴蝶結的素材

刺繡用的緞帶因為質地柔軟，較無張力，所以能做出漂亮的蝴蝶結。先用長一點的緞帶打好蝴蝶結再把多餘的部分剪掉的話，製作起來會比較容易。

✿ 製作短褲

1
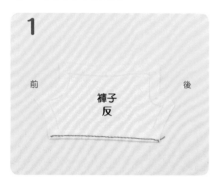
把下擺依照完成線折好，車縫起來。

2
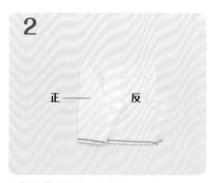
用熨斗燙出中線。左右都以同樣的方式製作。

3
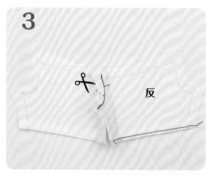
把前股上正正相對縫合。在縫份剪出牙口。

4
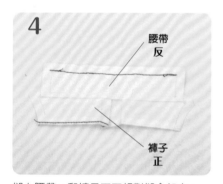
縫上腰帶。和褲子正正相對縫合起來。

5
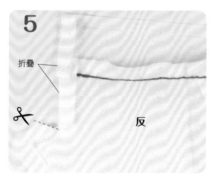
在後股上剪出牙口。把腰帶倒向褲子的相反側，如圖片所示把褲子和腰帶的兩端折疊起來。

6
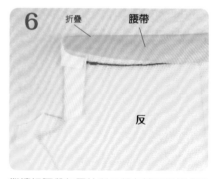
繼續把腰帶如圖片所示朝向褲子側折成兩半。

7
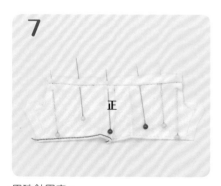
用珠針固定。

8
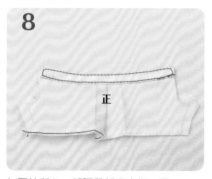
如圖片所示，將腰帶部分車縫一圈。

9
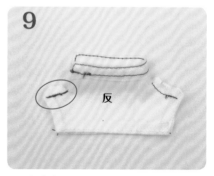
正正相對折疊起來，縫合至後股上的牙口位置。

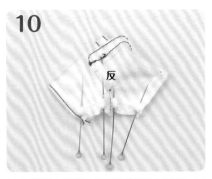

把9攤開,將股下正正相對接合起來,以珠針固定。

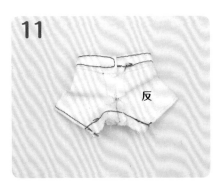

把股下縫合。

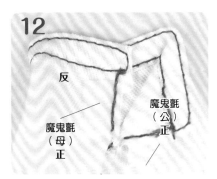

如圖片所示縫上魔鬼氈。翻回正面就完成了。

✿ 製作襪子

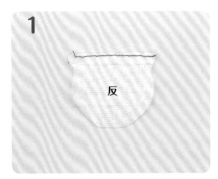

把開口折好,車縫起來。

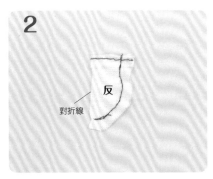

正正相對折好,沿著完成線車縫起來。

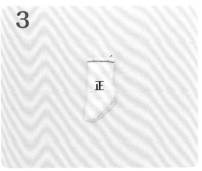

把縫份剪成3mm,翻回正面就完成了。

水手服 ― Girl ―

Photo → p.6
紙型 → p.104

洋裝款式的可愛水手服。除了裙子部分之外,都和男生版水手服的作法相同。可利用領子和條紋的顏色變化,做出專屬個人的水手服洋裝。

水手服洋裝

Back

襪子

材 料

🌸 **水手服洋裝**
- T/C軋別丁（表布用）…25×20cm
- 細棉布（領子的裡布用）…6×5cm
- 2mm寬緞帶…40cm
- 直徑4mm鈕釦…3個
- 緞帶（刺繡用）…10cm
- 魔鬼氈…0.7×1.5cm

🌸 **襪子**
- 針織天竺棉…8×4cm

✿ 製作水手服洋裝

1

參照**水手服—Boy—**的「製作水手服上衣」**1～12**（p.39、40），以同樣方式製作。

2

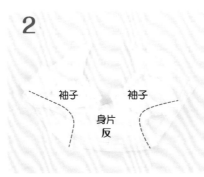

把脇邊、袖下正正相對縫合起來。

3

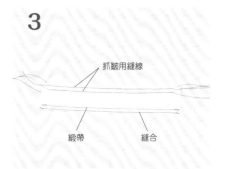

製作裙子。把下擺依照完成線折好車縫起來，再將緞帶車縫上去。在身片側車上2道抓皺用的縫線。

4

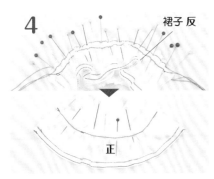

將裙子抓出皺褶，和身片正正相對縫合起來。接著把裙子倒向下方，在身片的邊際車縫壓線。

5

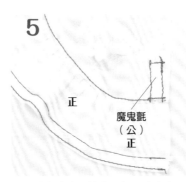

在右前身片的圖片位置縫上魔鬼氈。

6

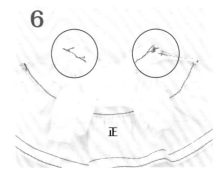

把領子正正相對覆蓋在前身片上，將前身片的前端依照完成線折好，車縫起來。翻回正面，推出尖角之後用熨斗燙過調整形狀。

7

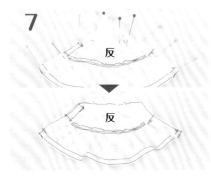

把身片和裙子的前端依照完成線折好，將領子的縫份倒向身片側，以珠針固定。再把前端、領口車縫起來。

8

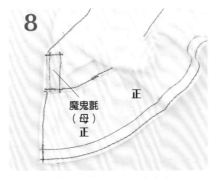

在左前身片如圖片所示縫上魔鬼氈。

9

把刺繡用緞帶、鈕釦以手縫方式縫上去，完成。

✿ 製作襪子

和**水手服—Boy—**的「**製作襪子**」**1～3**（p.43）相同。

哥德蘿莉風 — Boy —

Photo → p.8
紙型 → p.106

蕾絲裝飾的白襯衫配上蝴蝶領結和燈籠褲的王子服。想換個和平時不同的造型時,何不試著做一套這樣的衣服?標準色的襯衫,出乎意料的也很適合女生穿。

襯衫

Back

背心

Back

褲子

Back

襪子

材料

✿ 襯衫
- 棉絨面呢…20×15cm
- 細棉布(領子的裡布用)…6×2cm
- 魔鬼氈…0.8×2.5cm
- 5mm寬蕾絲…10cm
- 1.5mm珠子…4個
- 2mm寬緞帶…8cm

✿ 背心
- 棉絨面呢(表布用)…18×8cm
- 細棉布(裡布用)…18×8cm
- 魔鬼氈…0.7×1cm
- 直徑4mm鈕釦…4個

✿ 褲子
- 棉絨面呢…20×10cm
- 魔鬼氈…0.8×1cm

✿ 襪子
- 針織天竺棉…8×5cm

✿ 製作襯衫

1

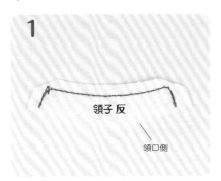

領子 反

領口側

製作領子。把表布和裡布（細棉布）正正相對疊好，空下領口側車縫起來。

2

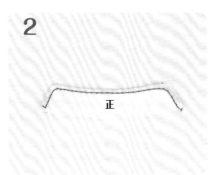

正

翻回正面，以錐子推出尖角。用熨斗燙過調整形狀，空下領口，車縫壓線。

3

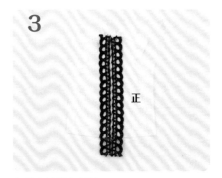

正

在前身片縫上蕾絲。

4

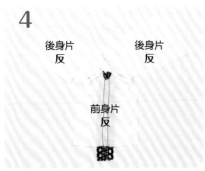

後身片 反　　後身片 反

前身片 反

把肩膀正正相對縫合。縫份用熨斗燙開，剪掉一半。

5

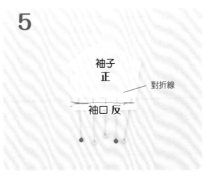

袖子 正

對折線

袖口 反

製作袖子。把袖口折成兩半，和袖子正正相對縫合起來。

6

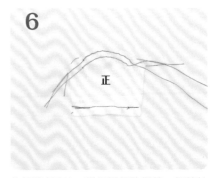

正

在肩膀側車上2道抓皺用的縫線，把線拉緊，稍微塑成圓弧狀。

7

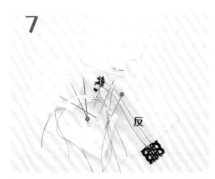

反

仔細別上珠針，把身片和袖子正正相對接合，車縫起來。

8

反

縫上兩個袖子之後的樣子。縫合完畢之後，把抓皺用的縫線拆掉。

9

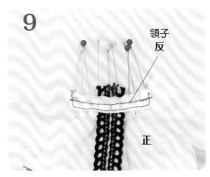

領子 反

正

縫上領子。正正相對用珠針固定之後縫合起來。

10

把領子的縫份倒向身片側，用珠針固定。
從正面在領口車縫壓線。

11

把脅邊、袖下縫合。

12

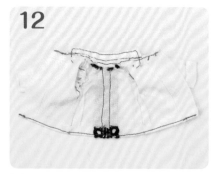

把袖子翻回正面。把下擺和超出下擺的蕾
絲依照完成線折好，車縫固定。

13

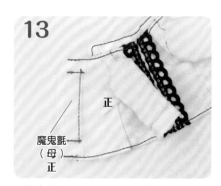

再把右後身片，如圖片所示縫上魔鬼氈。
這個時候，魔鬼氈的左側和圖片一樣先留
著不縫。

14

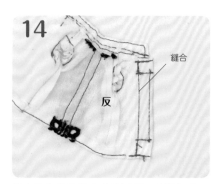

把右後身片依照完成線折好，車縫起來。
這個時候，要連同在**13**留著不縫的魔鬼
氈的左側一起車縫。

15

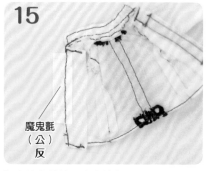

把左後身片依照完成線折好，如圖片所示
縫上魔鬼氈。

16

以手縫方式縫上打成蝴蝶結的緞帶、珠子
就完成了。

❋ 製作背心

1

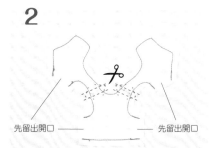

表布
反   裡布
反

把表布、裡布分別正正相對縫合起來。縫份用熨斗燙開,剪掉一半。

2

先留出開口 ——   —— 先留出開口

把裡布和表布正正相對縫合起來。這個時候,脇邊部分的4個位置先不要縫合。把縫份剪掉。

3

正

把返裡鉗從剛才沒有縫合的脇邊部分伸進去,翻回正面。以錐子推出尖角,用熨斗燙過調整形狀。空下脇邊,在邊緣車縫壓線。

4

裡布

正正相對疊好,把脇邊縫合。

5

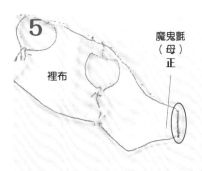

魔鬼氈
(母)
正

裡布

在左前身片的反面,如圖片所示縫上魔鬼氈。

6

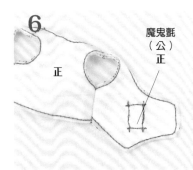

魔鬼氈
(公)
正

正

在右前身片的正面,如圖片所示縫上魔鬼氈。

7

以手縫方式縫上鈕釦,完成。

point 使用暗釦也沒關係

雖然難度會提升,但背心的魔鬼氈部分改成暗釦也OK。在右前身片縫上暗釦時要小心,只能挑起裡布來縫,注意不要讓手縫線穿透到表布上。

✿ 製作褲子

1

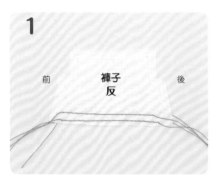

在下擺車上2道抓皺用的縫線。

2

抓出皺褶,和褲管口正正相對縫合起來。把抓皺用的縫線拆掉。

3

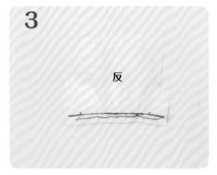

從反面看的樣子。

4

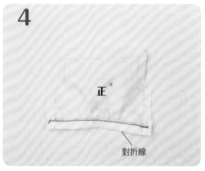

把縫份倒向上方,褲管口往反面側折入一半。將褲管口的上側邊緣車縫起來。左右都以同樣方式製作。

5

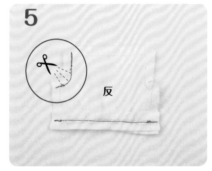

把左右的褲子正正相對重疊,將前側的股上縫合。縫合完畢之後,在圖片的位置剪出牙口。

6

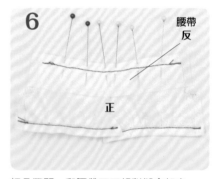

把5攤開,和腰帶正正相對縫合起來。

7

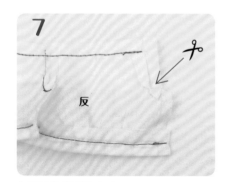

在圖片的位置剪出牙口。

8

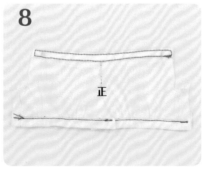

參照和**水手服—Boy—**的「製作褲子」5～8(p.42),以同樣的方式縫上腰帶。

9

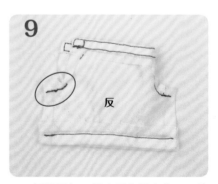

正正相對疊好,縫合至後股上的牙口位置。

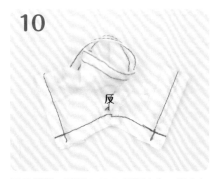

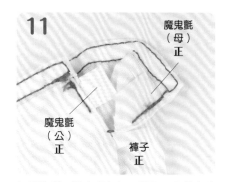

把9攤開，將股下正正相對接合，縫合起來。

如圖片所示縫上魔鬼氈，翻回正面就完成了。

🌸 製作襪子

和**水手服—Boy—**的「製作襪子」1～3（p.43）相同。

哥德蘿莉風 — Girl —

Photo → p.8
紙型 → p.108

大量運用荷葉邊及蕾絲的王道玩偶服。這次是以黑色統一的哥德蘿莉造型，也可以改變布料的顏色或使用印花布來展現可愛氛圍。由於抓皺和曲線的部分很多，最好先用珠針仔細固定，或以手縫方式假縫之後再開始縫製。

洋裝

Back

襪子

襯褲

Back

材 料

✿ 洋裝
- 棉絨面呢…30×30cm
- 細棉布（領子的裡布用）…6×2cm
- 魔鬼氈…0.8×2.4cm
- 5mm寬蕾絲…30cm
- 1.5mm珠子…2個
- 2mm寬緞帶…30cm

✿ 襯褲
- 棉絨面呢…17×6cm
- 魔鬼氈…0.8×1cm
- 鬆緊帶（4股寬）…約15cm
- 5mm寬蕾絲…14cm

✿ 襪子
- 針織天竺棉…8×5cm

❀ 製作洋裝

1

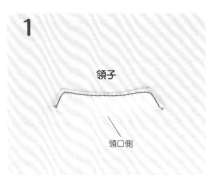

製作領子。流程和**哥德蘿莉風—Boy—**的「製作襯衫」1～2（參照p.47）相同。

2

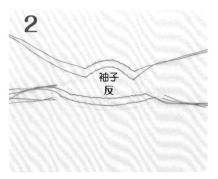

製作袖子。在肩側和袖口側各車上2道抓皺用的縫線。

3

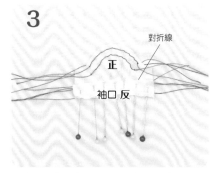

在袖口側抓出皺褶，和折成兩半的袖口正正相對以珠針固定之後縫合起來。

4

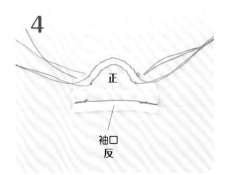

縫合之後的樣子。縫合完畢之後，把袖口側的抓皺用縫線拆掉。

5

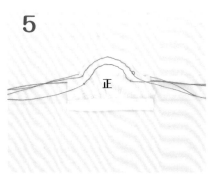

把袖口倒向下方，用熨斗燙過調整形狀。

6

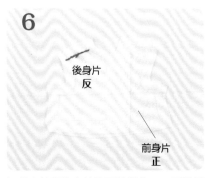

把前身片和後身片的肩膀部分正正相對縫合，用熨斗將縫份燙開。左右都以同樣方式製作。

7

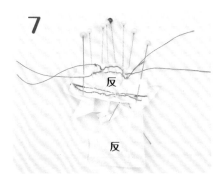

將袖子抓出皺褶，把身片和袖子正正相對接合。以珠針固定之後縫合起來。把抓皺用的縫線拆掉。

8

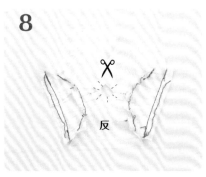

縫上兩個袖子之後的樣子。在領口的縫份剪出牙口。

9

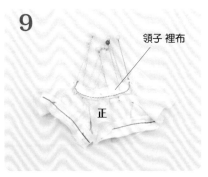

縫上領子。把領子和身片正正相對接合，以珠針固定之後縫合起來。

10

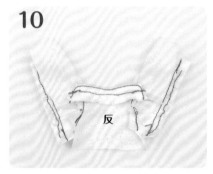

縫合之後的樣子。

11

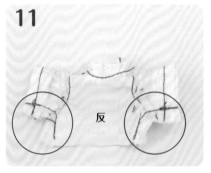

把身片正正相對疊好，縫合脇邊和袖下。

12

製作裙子。把荷葉邊的下擺依照完成線折好，車縫起來。在上方車上2道抓皺用的縫線。

13

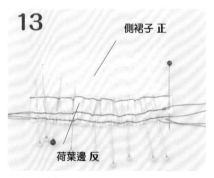

將荷葉邊抓出皺褶，和裙子正正相對接合，以珠針固定之後縫合起來。

14

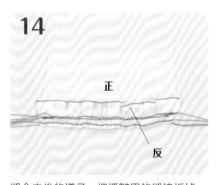

縫合之後的樣子。把抓皺用的縫線拆掉。

15

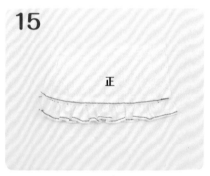

把荷葉邊倒向下方，從正面在裙子的邊際車縫壓線。左右都以同樣方式製作。

16

把縫上荷葉邊的裙子的側邊部分和前面部分，正正相對縫合。

17

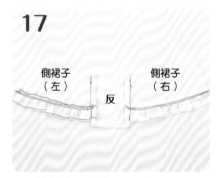

以同樣方式縫上左右之後的樣子。

18

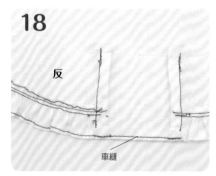

把裙子的前面部分的下擺依照完成線折好，車縫起來。

19

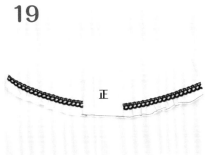

在裙子和荷葉邊的交界處縫上蕾絲。

20

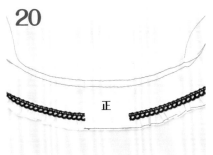

在上方車上2道抓皺用的縫線。

21

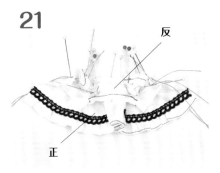

將裙子抓出皺褶，和身片正正相對接合，以珠針固定之後縫合起來。

22

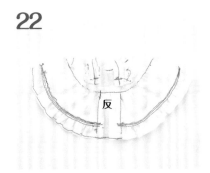

縫合之後的樣子。把抓皺用的縫線拆掉。把裙子的縫份倒向身片側。

23

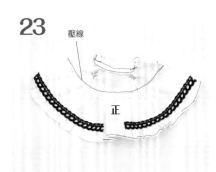

從正面在身片的邊際車縫壓線。

24

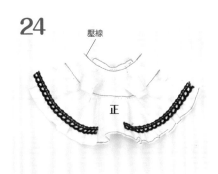

把袖子翻回正面，在領口車縫壓線。

25

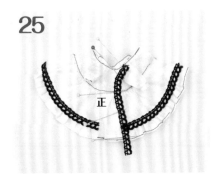

在前身片和裙子上，把蕾絲用珠針固定好。因為是立體的部分，所以不採取車縫而是以手縫方式來縫合。

26

以同樣方式縫上左右蕾絲之後的樣子。

27

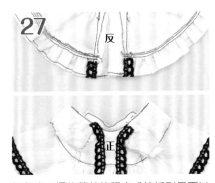

把超出下擺的蕾絲依照完成線折到反面以手縫方式縫合固定。肩側的蕾絲沿著前後身片的縫合接縫剪掉。

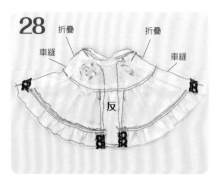

28

折疊　折疊
車縫　車縫
反

把後身片的兩端依照完成線折好,將邊端車縫起來。

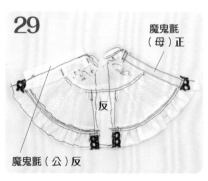

29

魔鬼氈（母）正
反
魔鬼氈（公）反

如圖片所示縫上魔鬼氈。

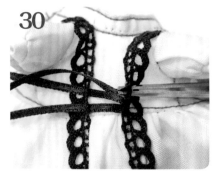

30

把緞帶交互地穿過前身片的蕾絲孔洞。

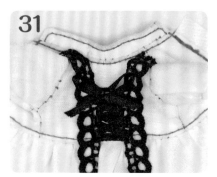

31

在恰到好處的位置打蝴蝶結,以手縫方式固定住。

32

珠子
緞帶

在下擺縫上蝴蝶結緞帶,在前身片上縫上珠子就完成了。

point 讓身材看起來更棒的訣竅?

腰部沒什麼曲線是黏土娃的體型特徵。這件洋裝為了突顯腰身,所以在蕾絲的縫合位置下了功夫。前身片的蕾絲,在來到腰部附近和前裙子接合的位置時要盡量偏向中心側。這樣才能呈現出中央變細的X型線條。

❁ 製作襯褲

1

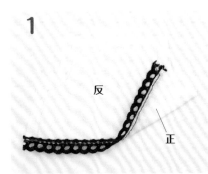

在下擺縫上蕾絲。

2

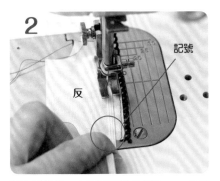

縫上鬆緊帶。在距離起縫位置的4cm處做記號,把記號對齊完成線的位置,邊拉開邊車縫。

3

車縫完畢的樣子。左右都以同樣的方式製作。

4

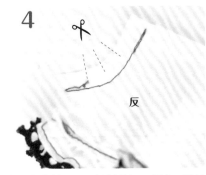

把左右的褲子正正相對疊好,縫合一邊的股上。在股上剪出牙口。

5

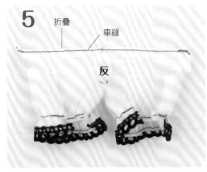

把4攤開,將腰頭依照完成線折好,車縫起來。

6

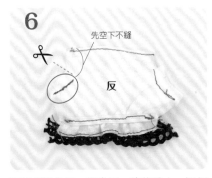

正正相對疊好,縫合另一邊的股上。這個時候,在魔鬼氈的縫合位置要空下1cm不縫。剪出牙口。

7

把6攤開,將股下正正相對接合,縫合起來。

8

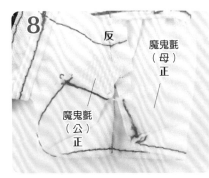

如圖片所示縫上魔鬼氈。

9

翻回正面,完成。

❁ 製作襪子

和**水手服─Boy─**的「製作襪子」1～3(p.43)相同。

巫女

Photo → p.10
紙型 → p.110

白色上衣搭配緋袴（緋紅色褲裙）的正統巫女造型。和服有很多地方都是直線縫合，所以很適合初學者挑戰。不過，需要採取手縫作業的部分也很多，一定要慢慢地小心處理。褲裙的褶子請依照紙型確實燙出褶線。

長襯衣領子

上衣

Back

Back

緋袴

材 料

❀ 上衣
- 棉絨面呢…25×20cm
- 平布（紅伊達襟用）…15×2cm

❀ 長襯衣領子
- 棉絨面呢…8×2.5cm

❀ 緋袴
- 平布…34×20cm
- 繡線（白）…適量
- 5mm 寬暗釦…1 組

❀ 製作上衣、長襯衣領子

1

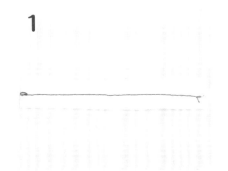

製作長襯衣領子。把布料折成兩半,在中央車縫固定。縫在上衣上面的紅伊達襟也以同樣方式製作。

2

製作袖子。在袖口側、肩側分別剪出0.5cm的牙口。折到內側,車縫固定。左右對稱地,把另一側的袖子做好。

3

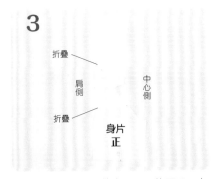

製作身片。在肩側剪出0.5cm的牙口,如圖片所示折到內側,以布用接著劑黏住固定。左右對稱地,把另一側的身片做好。

4

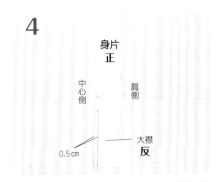

製作身片的大襟。在紙型指定的大襟折線位置,以凹折方式朝正面折疊,在距離折痕的0.5cm處車縫固定。

5

將大襟的邊端折起0.5cm,車縫固定。

6

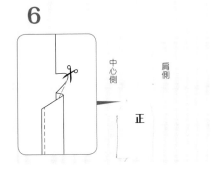

把在4折起的部分倒向相反側,用熨斗燙平。將大襟上部斜斜地剪掉。左右對稱地把另一側的身片大襟以相同的流程做好。

7

把左右的身片正正相對接合,將背後的中心線車縫起來,縫份倒向一邊。

8

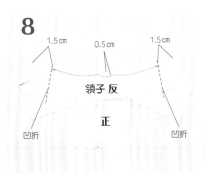

把領子和身片正正相對接合,用珠針仔細固定之後,在距離領口0.5cm處車縫起來。兩端留下1.5cm,折到內側。

9

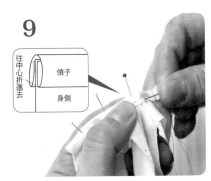

把身片的領口部分用領子包覆起來。將縫份折進內側以珠針固定,再以手縫方式縫合固定。

10

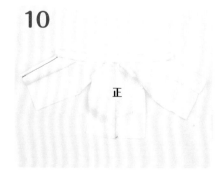

縫合完畢的樣子。

11

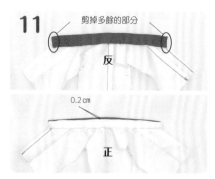

剪掉多餘的部分

反

0.2 cm

正

把在 **1** 做好的紅伊達襟,以正面看不到縫線的方式手縫上去。剪掉兩端的多餘部分。從正面看的時候,伊達襟要露出0.2cm左右。

12

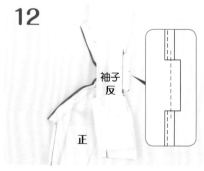

袖子
反

正

把袖子和身片的肩膀部分正正相對車縫起來。車縫時,縫線要落在距離**2**的車縫位置約0.1cm的內側。

13

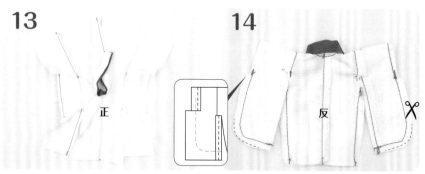

正

兩肩縫合之後的樣子。

14

反

✂

正正相對把身片和袖子折疊起來,車縫脇邊、袖子。車縫時,縫線要落在距離**2**的車縫位置0.1cm的內側。把袖子縫份剪掉。

15

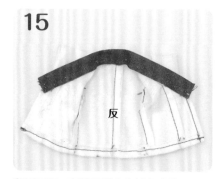

反

翻回正面,車縫下擺之後就完成了。

✿ 製作緋袴

1

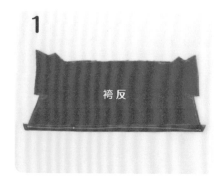

袴反

把下擺依照完成線折好,車縫起來。

2

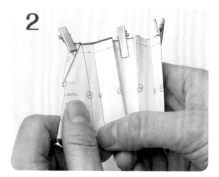

把影印或描繪好的紙型剪下來,用夾子或珠針等等固定在裁好的布料上,兩片一起,用熨斗燙出指定的折線。

3

右側在上

正

燙好之後的樣子。一開始先把左右的最邊端折好的話,就能順利地把其餘的折線燙好。中心是以右側在上的方式重疊。

4

沿著兩端、上方的邊際車縫起來。

5

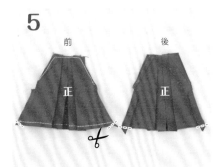

前後2片都以同樣方式製作。折好之後，把下擺兩端的突出部分剪掉。

6

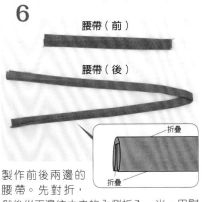

腰帶（前）

腰帶（後）

製作前後兩邊的腰帶。先對折，然後從兩邊往中央的內側折入一半。用熨斗燙平。

7

如圖片所示把兩端折進去。以布用接著劑黏住固定。

8

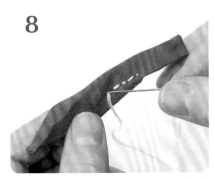

在前側的腰帶上添加裝飾繩。用6股的白色繡線，在正面看得到的部分以手縫方式繡上線條。

9

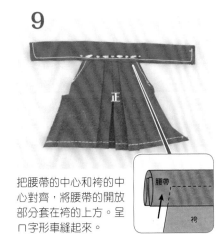

把腰帶的中心和袴的中心對齊，將腰帶的開放部分套在袴的上方。呈冂字形車縫起來。

10

後側的腰帶也以同樣方式和袴接合，車縫起來。

11

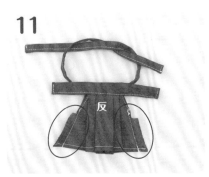

把前後的袴正正相對疊好，車縫脇邊。車縫時，要從距離4的車縫位置約0.1cm的內側開始縫。

12

翻回正面，在前側的腰帶上如圖片所示縫上暗釦就完成了。

8 和服 ─ Boy ─

Photo → p.10
紙型 → p.114

便裝風格的和服。和服的情況，最好是以和服花樣和腰帶花樣的平衡為考量來挑選布料。兩者都建議選擇不會顯出厚度的輕薄布料。通常，男性的情況是不需要長襯衣的，這次是為了拍照效果而添加進去。腰帶的結，也稍微偏離後方中心來營造氛圍。

和服

Back

長襯衣領子

腰帶

材 料

✿ 和服
• 平布（和服用）…30×20cm
• 平布（黑伊達襟用）…16×2cm

✿ 長襯衣領子
• 棉絨面呢…8×2.5cm

✿ 腰帶
• 棉絨面呢…15×10cm
• 5mm寬暗釦…1組

✿ 著裝用肚圍
• 不織布…8×2cm

❀ 製作和服、長襯衣領子

1

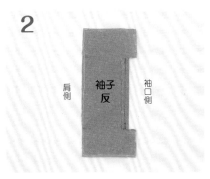

參照**巫女**的「製作上衣、長襯衣領子」1（p.59），以同樣方式製作長襯衣領子、黑伊達襟。

2

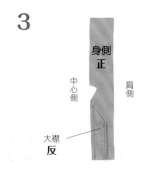

製作袖口。在袖口側的指定位置剪出0.5cm的牙口，折到內側車縫起來。左右對稱地，把另一側的袖子做好。

3

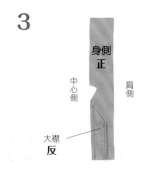

製作身片的大襟。和**巫女**的「製作上衣」4～6（參照p.59）相同。左右對稱地把另一側的身片做好。

4

把左右的身片正正相對接合，將背後的中心線車縫起來。

5

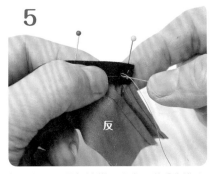

縫上領子、黑伊達襟。和女巫的「製作上衣」8～11（參照p.59、p.60）相同。

6

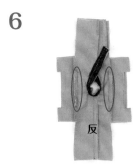

把袖子和身片正正相對接合，縫合兩肩部分。

7

把身片和袖子正正相對折疊起來，縫合脇邊。

8

車縫袖子。把縫份修剪成圓弧狀。車縫時，縫線要落在距離2的車縫位置約0.1cm的內側。（和**巫女**的「製作上衣」14相同。男性的和服要繼續車縫至脇邊為止。）

9

翻回正面，把下擺依照完成線折好、車縫起來就完成了。

✿ 製作腰帶

1

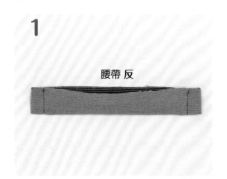

腰帶 反

把布料對折，兩端車縫起來。

2

翻回正面，繼續把兩端往內側折半塞入。用熨斗燙平。

3

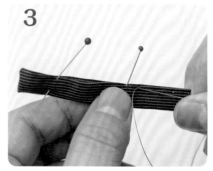

把開口用珠針固定，再以藏針縫縫合固定。

4

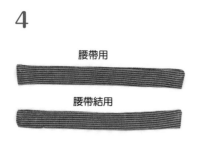

腰帶用

腰帶結用

同樣的東西要製作2條。1條用來打腰帶結，另1條當作腰帶使用。

5

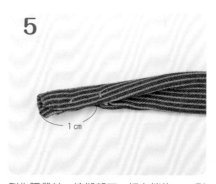

1cm

製作腰帶結。接縫朝下，把左端的1cm對折，以手縫方式縫住固定。

6

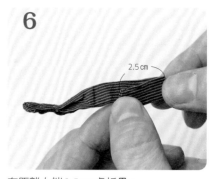

2.5 cm

在距離右端2.5cm處折疊。

7

折線　　折線

繼續往斜上方折疊。

8

把左側覆蓋上來。邊端要用姆指牢牢壓住，以免鬆開。

9

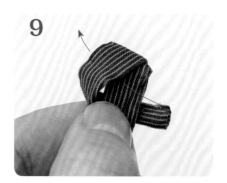

翻到另一側拿好，把在**8**覆蓋上來的細端穿過圈圈拉緊。用手指不好操作的話，可使用鑷子。

10

為了防止鬆脫，結扣部分要以手縫方式縫住，或以布用接著劑黏住固定。

11

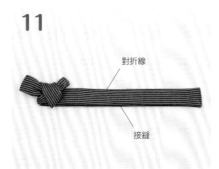

對折線

接縫

把腰帶結以手縫方式縫在腰帶上。男用腰帶的情況，在3縫合的接縫要朝向下方。

12

如圖片所示縫上暗鈕，完成。

---

point 著裝的訣竅

將男生的身體穿上和服的時候，若先在內側圍上肚圍的話，穿起來會更有型。卷末（p.115）附有紙型。

point 試著變換布料或配件

腰帶也可以用寬度約1cm的刺繡織帶來替代。可從各式各樣的花色中挑選喜歡的來使用。另外，女生的腰帶（p.66）也可以藉由更換腰帶繩的配件或布料來做出變化。

和服 — Girl —

Photo → p.11
紙型 → p.116

玫瑰圖案配上蕾絲腰帶的華麗振袖款式。使用大花圖案的布料時,要考量到花樣的出現位置來進行裁剪。腰帶所使用的蕾絲、緞帶以及腰帶繩的配件都可自由更換,享受和服的搭配樂趣。

振袖

Back

長襯衣領子

腰帶

材 料

❀ **振袖**
- 棉絨面呢…30×30cm
- 平布(紅伊達襟用)…15×2cm
- 皺綢(袖子內側用)…12×8cm

❀ **長襯衣領子**
- 棉絨面呢…8×2.5cm

❀ **腰帶**
- 絲綢布料…25×15cm
- 3cm寬蕾絲…10cm
- 3mm寬緞帶…12cm
- 珠子(含底座)…1個
- 暗釦…1組

✿ 製作振袖、長襯衣領子

1

參照**巫女**的「製作上衣、長襯衣領子」（p.59、p.60），以完全相同的流程製作完成。穿在身體上，在恰到好處的位置反折，做出端折。

2

把端折部分用熨斗燙平。以手縫方式縫住固定。

3

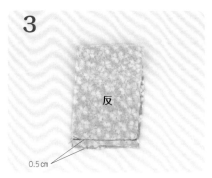

反

0.5cm

製作袖子的內側。把依照紙型剪好的布料正正相對折成兩半，在距離上方0.5cm處車縫起來。

4

翻回正面，繼續縱向對半往內側折入。

5

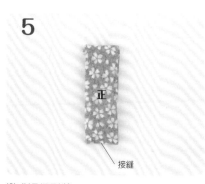

正

接縫

變成這個形狀。

6

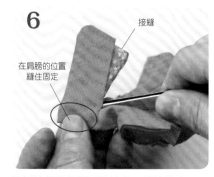

接縫

在肩膀的位置縫住固定

把折線部分用鑷子等等塞入振袖當中，只露出0.5cm左右，以正面看不出縫線的方式手縫固定起來。

✿ 製作腰帶

1

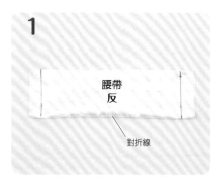

腰帶
反

對折線

把腰帶正正相對折成兩半，兩端車縫起來。

2

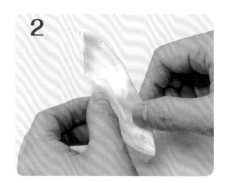

翻回正面，繼續把兩端往內側折半塞入。

3

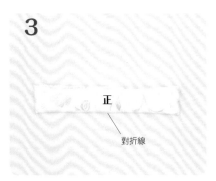

正

對折線

用熨斗燙過調整形狀。

4

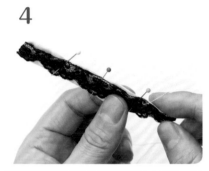

把蕾絲的邊緣塞到腰帶的開口中夾住，以手縫方式縫合固定。

5

蝴蝶結用

腰帶用

同樣的東西要製作2條。1條是腰帶用，另1條是蝴蝶結用。

6

蝴蝶結中央

把蝴蝶結中央的布折成三折，再用熨斗燙平。

7

緞帶

把蝴蝶結的緞帶從左右朝中央折疊，兩端稍微縫合之後，將在6做好的蝴蝶結中央的布料圈住，以手縫方式縫住固定。

8

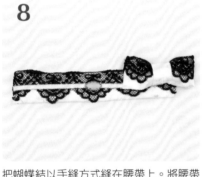

把蝴蝶結以手縫方式縫在腰帶上。將腰帶繩用的緞帶、珠子以布用接著黏住或以手縫方式縫住固定。

9

如圖片所示縫上暗釦，完成。

❋ 斜針挑縫（藏針縫） ❋

和服有許多部分都必須以手縫方式處理，需要採取正面看不到縫線的縫法的地方也很多。
下面介紹的就是不會在正面留下明顯痕跡的「斜針挑縫」。

❶
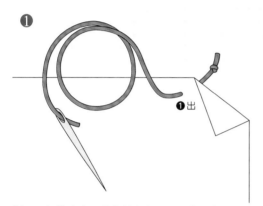
從反面把針穿出，將線結留在不顯眼的地方。

❷
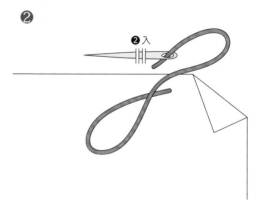
在表布上挑起 1 ～ 2 根紗。

❸
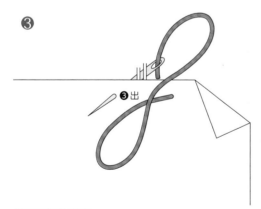
從反面把針穿出。

❹
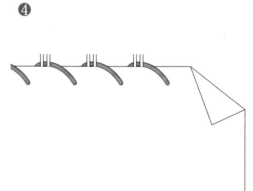
重複❷、❸之步驟。

牛仔風 — Boy —

Photo → p.13
紙型 → p.118

製作牛仔服飾時，車縫線的顏色要搶眼一點才會逼真。雖然裁片較多，但小心處理就行，做起來並不困難。這次還做了完全貼合黏土娃頭型的棒球帽，帽子和插肩T恤就算換成不同的配色還是很可愛。

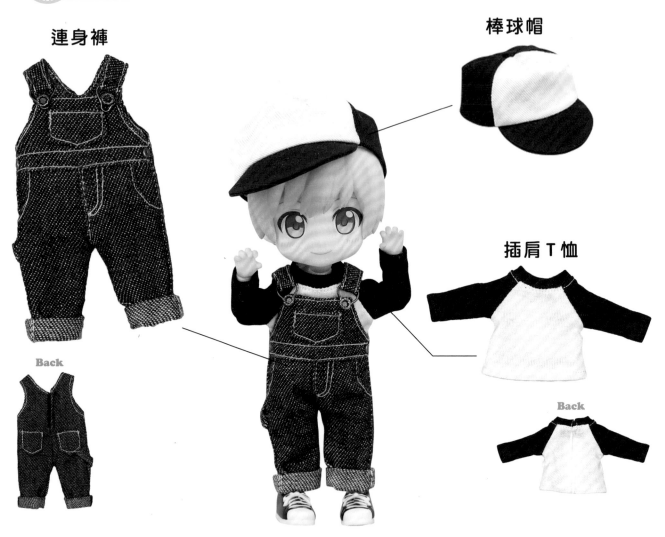

連身褲

棒球帽

插肩T恤

Back

Back

材 料

🌸 連身褲
- 牛仔布（6盎斯）…20×20cm
- 魔鬼氈…0.8×2cm
- 8mm三角環…2個
- 直徑3mm寬鈕釦（帶腳）…2個
- 2.5mm燙鑽…2個

🌸 插肩T恤
- 針織天竺棉（白）…15×10cm
- 針織天竺棉（黑）…13×10cm
- 魔鬼氈…0.8×3.5cm

🌸 棒球帽
- 葛城厚斜紋布（黑）…20×10cm
- 葛城厚斜紋布（白）…8×7cm
- 接著襯…1.5×16cm
- 直徑5mm鈕釦…1個

❀ 製作連身褲

1

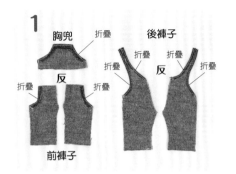

把胸兜、褲子的前後裁片裁剪好,如圖片所示將布邊依照完成線折好,車縫起來。

2

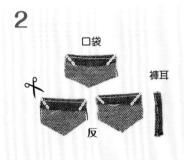

把胸兜和後面口袋的開口依照完成線折好,車縫起來。把縫份的角剪掉。褲耳以布邊朝向內側的方式折成四折,壓上裝飾線。

3

把前褲子正正相對疊好,縫合前股上。

4

把縫份倒向左側,左右攤開。在褲子的前股上做正面壓線,再車上裝飾線。

5

把墊袋布對準前褲子的口袋位置放好,將胸兜和前褲子正正相對疊好,把腰頭部分一起車縫起來。

6

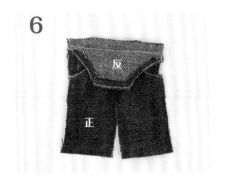

從5的另一側看的樣子。

7

把縫份倒向下方,將胸兜往上翻起。在腰頭做正面壓線,再車上裝飾線。把褲耳用珠針固定在右褲子上。

8

把後褲子的左右,和7正正相對疊好,縫合脇邊。

9

只有後褲子的縫份需要剪掉一半(參照p.21)。

10

把後褲子攤開，用熨斗燙平，做出正面壓線。

11

把胸兜口袋、後褲子的口袋車縫上去。依照完成線折好，用熨斗燙過調整形狀，以布用接著劑黏住之後車上裝飾線。

12

把右褲子的褲耳的末端塞到右後方的口袋下面一起車縫固定。

13

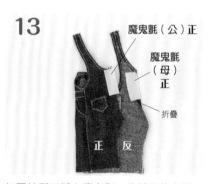

如圖片所示縫上魔鬼氈。後褲子的右側，先依照完成線折到內側。

14

把後褲子的股上正正相對縫合。

15

把褲子的下擺朝外側折成三折，縫合股下。

16

在**15**縫合股下的時候，要避開縫份來縫（參照p.21）。

17

在後褲子的肩帶上以手縫的方式縫上三角環。這次使用的三角環是用鉗子彎曲製作的。

18

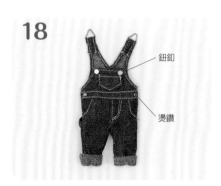

把鈕釦、燙鑽裝飾上去就完成了。

✿ 製作插肩 T 恤

1

製作袖子。把袖子的下擺折好，再車縫起來。另一片也以同樣方式製作。

2

對折線

把領口對折，用熨斗燙平備用。

3

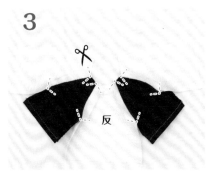

反

把前後的身片、袖子正正相對接合，縫合肩膀。用熨斗燙開縫份，把縫份的角剪掉。

4

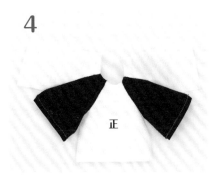

正

從正面看的樣子。

5

對折線　　　反

正

把領口和身片袖子正正相對接合，車縫起來。

6

身片側的縫份

只有身片側的縫份需要剪掉一半（參照 p.21）。

7

壓線

對折線

正

把縫份倒向身片側，領口向上翻起。從正面車縫壓線。

8

反

從反面看的樣子。在縫份剪出牙口。

9

反

把身片正正相對疊好，縫合脇邊、袖下。

10

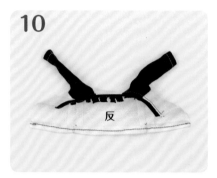

把下擺折好，車縫起來。

11

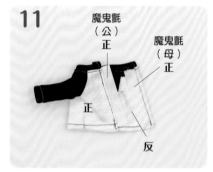

魔鬼氈
（公）
正

魔鬼氈
（母）
正

正

反

把身片後片的兩端依照完成線折到內側，
如圖片所示縫上魔鬼氈，完成。

✿ 製作棒球帽

1

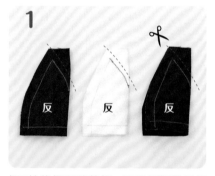

反　反　反

把3片的帽冠裁剪好，正正相對對折起
來，分別把尖褶縫好，剪掉縫份。

2

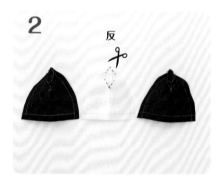

反

用熨斗燙開縫份，把角剪掉。

3

反　　　反

反

白色置於中央，把3片的帽冠配件正正相
對接合，車縫起來。後面中心先不車縫。

4

帽簷
反

把2片的帽簷布正正相對縫合。將縫份剪
掉一半。

5

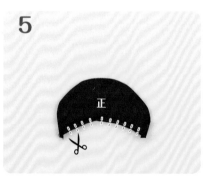

正

翻回正面，用錐子和熨斗調整形狀。在圖
片的位置剪出牙口。

6

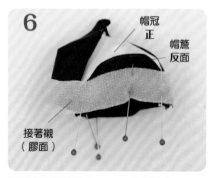

帽冠
正

帽簷
反面

接著襯
（膠面）

把帽冠和帽簷的中心正正相對接合。周圍
用依照指定尺寸裁剪好的接著襯纏繞起
來，以珠針固定。固定時接著襯的膠面要
朝向外側。

7

用縫紉機車縫固定。

8

把縫份連同接著襯倒向內側。用熨斗將接著襯燙貼黏合，調整形狀。

9

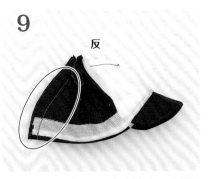

把帽冠的後面中心正正相對接合，車縫起來。

10

製作頂端的鈕釦。在裁成圓形的布料周圍做一圈平針縫，把直徑5mm的鈕釦放在中央（圖片是為了容易看懂而使用白色的線）。

11

把線拉緊，將鈕釦包覆起來。

12

用鑷子之類的工具將鈕扣穿過帽子的頂端。在反面以手縫方式縫住固定，完成。

牛仔風 —Girl—

Photo → p.12
紙型 → p.120

牛仔夾克搭配白色蕾絲小可愛的甜美休閒風格。牛仔夾克的胸前口袋只需簡單地繡上線條即可。小可愛用1塊布就能輕鬆完成。非常適合初學者的第一套娃娃服。

牛仔夾克

Back

毛線帽

短褲

Back

小可愛

Back

及膝襪

材料

🌸 **牛仔夾克**
- 牛仔布（6盎斯）…20×15cm
- 2mm燙鑽…5個

🌸 **短褲**
- 牛仔布（6盎斯）…16×6cm
- 接著襯…1.5×7cm

- 魔鬼氈…1×1cm
- 2.5mm燙鑽…1個

🌸 **小可愛**
- 棉絨面呢…10×5cm
- 魔鬼氈…1×1.5cm
- 5mm寬蕾絲…17cm

🌸 **及膝襪**
- 針織天竺棉…8×4cm

🌸 **毛線帽**
- 2X2羅紋布…11×9cm

✿ 製作牛仔夾克

1

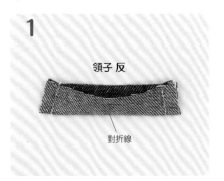

把領子正正相對折成兩半,將兩端車縫起來。

2

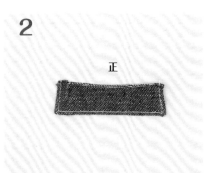

翻回正面,以錐子推出尖角,用熨斗燙過調整形狀。在周圍壓上裝飾線。

3

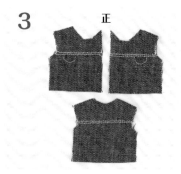

在前身片、後身片壓上裝飾線。

4

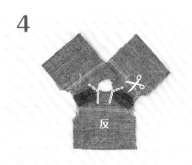

把前後的身片正正相對接合,縫合肩膀。用熨斗燙開縫份,把縫份的角剪掉。

5

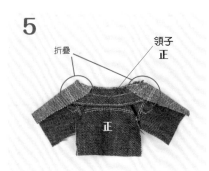

把領子和身片對齊重疊,將前身片的兩端依照完成線正正相對折好,把領口車縫起來。

6

把在5折起的前身片的兩端翻回正面,以錐子推出尖角,用熨斗燙過調整形狀。

7

製作袖子。依照完成線折好,壓上2道裝飾線。

8

把袖子和身片的袖孔部分正正相對車縫起來。在縫份剪出牙口,倒向身片側之後用熨斗燙平。

9

在身片的袖孔處,做正面壓線。

10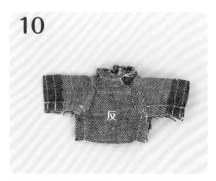

11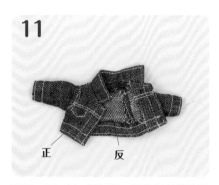

正　　　　反

12

把身片正正相對疊好，縫合脇邊、袖下。為免袖子起皺，要以避開縫份的方式來縫（參照p.21）。

翻回正面。把下擺折好，調整好前端的形狀之後各壓上2道裝飾線。

貼上燙鑽，以手縫方式縫出釦孔造型的線條，完成。

✿ 製作短褲

1

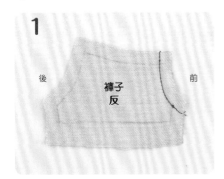

把左右褲子的前股上正正相對縫合起來。

2

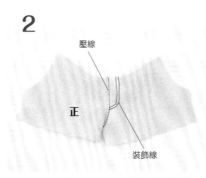

把縫份倒向左側，左右攤開，在股上做正面壓線，再車上裝飾線。

3

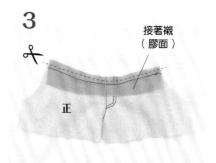

把接著襯疊在腰頭上車縫起來。膠面要朝向正面。把縫份剪掉一半。

4

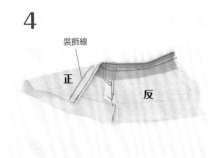

把接著襯翻到反面，用熨斗燙貼固定。在腰頭車上裝飾線。

5

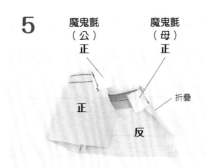

如圖所示縫上魔鬼氈 右側要依照完成線折好再車縫上去。

6

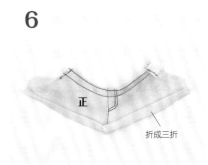

把下擺朝外側折成三折，用熨斗燙平。

7

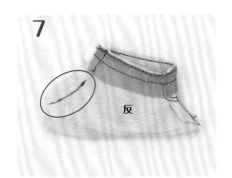

正正相對疊好，縫合後股上。

8

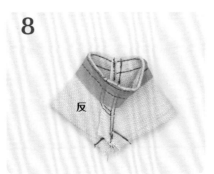

把7攤開，將股下接合，縫合起來。為免股上起皺，要以避開縫份的方式來縫。

9

翻回正面，黏上燙鑽之後就完成了。

✿ 製作小可愛

1

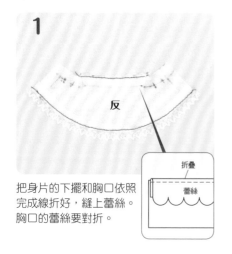

把身片的下擺和胸口依照完成線折好，縫上蕾絲。胸口的蕾絲要對折。

折疊
蕾絲

2

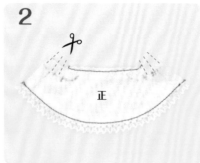

從正面看的樣子。在腋下的縫份剪出牙口。

3

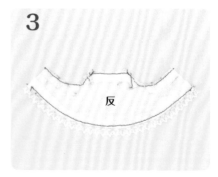

把腋下依照完成線折好，車縫起來。

4

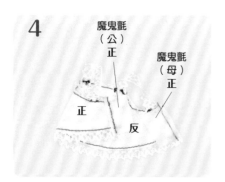

魔鬼氈
（公）
正

魔鬼氈
（母）
正

正

反

如圖片所示縫上魔鬼氈。右側要依照完成線折到內側。以手縫方式縫上2條蕾絲肩帶（2.5cm＋縫份），完成。

❀ 製作及膝襪

和**制服—Boy—**的「製作襪子」1～3（p.29）相同。

❀ 製作毛線帽

1

裁剪布料，把完成線描繪上去。

2

車縫褶子。如圖片所示把兩端折好，車縫起來。

3

把褶子豎立起來的話就會變成這樣。

4

以同樣的要領，把中央的褶子也折好、車縫起來。

5

從正上方看起來是這樣的形狀。

6

把兩端正正相對縫合起來。

7

把縫份用熨斗燙開。依照毛線帽的邊緣線以凹折方式向上翻起反折。

8

把反折邊端和褶子部分以手縫方式縫合固定。小心別讓縫線穿透到正面。

9

把褶子的縫份剪掉。翻回正面，完成。

外套 — Boy —

Photo → p.14
紙型 → p.122

稍微習慣了之後，不妨試著向難度更高的衣服挑戰。這件軍裝外套是正統樣式，非常具有珍藏價值。窄管褲有口袋。4片接合之後，就會呈現出完美貼合黏土娃體型的線條。褲管還能塞進靴子裡。有了這件單品的話，在穿搭時會更加方便。

軍裝外套

高領上衣

Back

Back

窄管褲

Back

材料

軍裝外套
- TC絨面呢…30×30cm
- 雞眼釦（2×3mm）…2個
- 2.5mm燙鑽…4個
- 2mm燙鑽…2個
- 利利安線…15cm
- 雪尼爾毛線…12cm

高領上衣
- 針織天竺棉…20×10cm
- 魔鬼氈…1×3cm

窄管褲
- 棉絨面呢…25×10cm
- 魔鬼氈…1×1cm
- 接著襯…1.5×7cm

✿ 製作軍裝外套

1

製作連衣帽。把連衣帽的中央和左右正正相對接合，車縫起來。

2

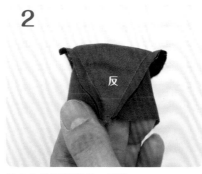

前方會像這樣變成三角形。

3

翻回正面，再把縫份倒向中央，用熨斗燙平。於衣連帽中央的邊緣車縫壓線。

4

從反面看的樣子。

5

把連衣帽的邊緣朝內側折成三折，用熨斗燙平之後車縫起來。

6

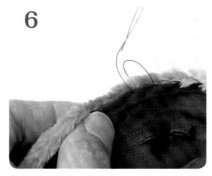

縫上絨毛鑲邊。以手縫方式把長毛的雪尼爾毛線用捲針縫縫在連衣帽的邊緣。

7

縫好的樣子。連衣帽完成。

8

製作身片。把後身片的中央下方部分依照完成線折好，車縫起來。左右對稱地把另一片也車縫好。

9

把左右的後身片正正相對疊好，將背後的中心車縫起來。

10

左右攤開。把縫份倒向左身片側，用熨斗燙平。

11

從正面車縫壓線。

12

製作口袋。把口袋的開口依照完成線折好，車縫起來。

13

把口袋的兩側和下方部分依照完成線折好，用熨斗燙過調整形狀。以布用接著劑黏在前身片上。

14

等接著劑乾了之後，把口袋的兩側和下方、三邊車縫起來。

15

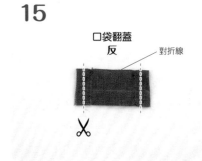

製作口袋翻蓋。把布料對折，兩側車縫起來。將縫份剪掉一半。

16

翻回正面，以錐子推出尖角，用熨斗燙過調整形狀。在周圍壓上裝飾線。

17

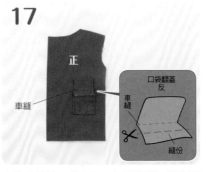

在前身片的口袋上方，如圖片所示縫上翻蓋。左右對稱地在另一側身片的口袋上方也縫上翻蓋。

18

把後身片和前身片的肩膀正正相對縫合起來。用熨斗燙開縫份，把角剪掉。在領口、袖孔剪出牙口。

19

製作袖子。把袖口依照完成線折好，壓上2道裝飾線。

20

把袖子和身片正正相對接合，將袖孔車縫起來。把縫份倒向身片側，用熨斗燙平。

21

從正面，在身片的袖孔部分的邊緣車縫壓線。

22

把連身帽和身片的領口正正相對縫合起來。

23

把身片正正相對疊好，縫合脇邊、袖下。這個時候，脇邊要以避開縫份的方式來縫（參照p.21）。

24

翻回正面。把下擺依照完成線折好，車縫起來。

25

把前端依照完成線折好，車縫起來。壓上2道裝飾線。

26

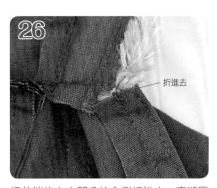

把前端的上方部分往內側折進去，車縫固定。

27

把口袋翻蓋倒向下方，以手縫方式縫住固定。左右都以同樣方式固定好。

28

在指定位置打洞，安裝雞眼釦。左右都以同樣方式安裝。

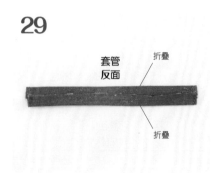

29

套管反面

折疊

折疊

製作套管。把兩端反折車縫固定之後，折成三折用熨斗燙平。

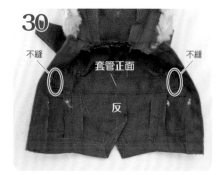

30

不縫

套管正面

不縫

反

把套管縫在身片的反面。只車縫上下兩邊就好。因為之後要穿入利利安線，所以兩端不縫。

31

利用毛線針，將利利安線穿過套管。

32

穿過雞眼釦。

33

2.5mm

2mm

把利利安線的末端打結，在左前端和下擺黏上燙鑽之後就完成了。

✿ 製作窄管褲

1

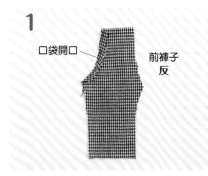

口袋開口　前褲子反

把前褲子的口袋開口的邊緣折好,車縫起來。

2

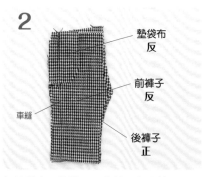

墊袋布反

前褲子反

後褲子正

車縫

把墊袋布、前褲子、後褲子如圖片所示重疊起來,車縫脇邊。

3

正

左右攤開之後會變成這樣。

4

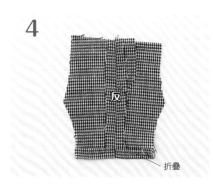

反

折疊

用熨斗燙開縫份,把下擺折好,車縫起來。左右對稱地,把另一側的褲子以相同的流程(1～4)做好。

5

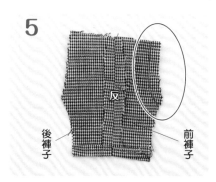

後褲子

反

前褲子

把左右兩片褲子正正相對接合,將前褲子的股上車縫起來。

6

接著襯(膠面)

正

把接著襯疊放在正面車縫起來。疊放時,膠面要朝上。將縫份剪掉一半。

7

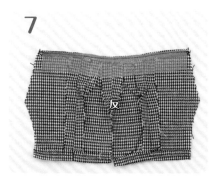

反

把縫份、接著襯倒向反面,用熨斗燙貼黏合。

8

正

從正面看的樣子。

9

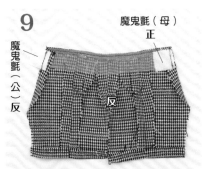

魔鬼氈(母)正

魔鬼氈(公)反

如圖片所示把後褲子的兩端依照完成線折到內側,縫上魔鬼氈。

10

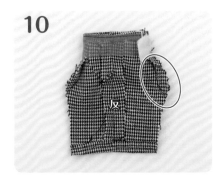

先正正相對疊好，再把後褲子的股上車縫起來。

11

把 **10** 攤開，將股下接合，車縫起來。為免股下起皺，要以避開縫份的方式來縫（參照 p.21）。翻回正面，完成。

✿ 製作高領上衣

1

後身片
反

後身片
反

✂

前身片
反

把前後的身片正正相對接合，縫合肩膀。用熨斗燙開縫份，把縫份的角剪掉。

2

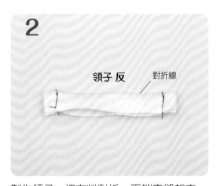

領子 反   對折線

製作領子。把布料對折，兩端車縫起來。

3

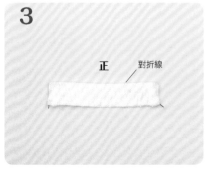

正   對折線

翻回正面，用熨斗燙過調整形狀。

4

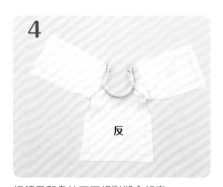

反

把領子和身片正正相對縫合起來。

5

對折線

正

從正面看的樣子。調整形狀，讓領子豎立起來。

6

袖子
正

製作袖子。把袖口折好，車縫起來。

7

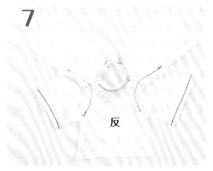

把身片和袖子正正相對接合,將袖孔車縫
起來。

8

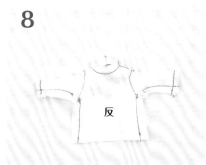

縫合脇邊、袖下。為免脇邊起皺,要以避
開縫份的方式來縫(參照 p.21)。

9

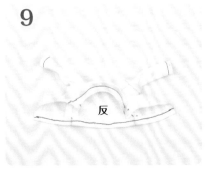

翻回正面,把下擺折好,車縫起來。

10

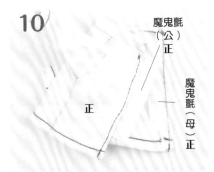

把後身片的兩端依照完成線折好,如圖片
所示縫上魔鬼氈。完成。

外套 —Girl—

Photo → p.14
紙型 → p.126

毛絨絨的領子感覺好溫暖，充滿冬季氛圍的斗篷。因為不必穿入袖子，所以可在裡面穿上各式各樣的衣服。這次是以大量抓皺的長洋裝來展現典雅風格。蕾絲材質的立領、以及胸前和袖口的珠子都是吸睛亮點。

長洋裝

Back

毛領斗篷

Back

材料

✿ 長洋裝
- 棉絨面呢（紅）…25×20cm
- 棉絨面呢（白）…8×3cm
- 接著襯…5×5cm
- 魔鬼氈…0.8×4cm
- 5mm寬蕾絲…5cm
- 7mm寬蕾絲…2.5cm
- 1.5mm珠子…10個

✿ 毛領斗篷
- 棉法蘭絨…15×8cm
- 棉華爾紗…15×13cm
- 絨毛布料…8×5cm
- 毛線…20cm
- 2.5mm珠子…2個

✿ 製作長洋裝

1

把7mm寬的蕾絲縫在前身片上。

2

把前後的身片正正相對接合，縫合肩膀。用熨斗燙開縫份，把縫份的角剪掉。在領口剪出牙口。

3

在領口貼上接著襯。首先，把剪成圓形的接著襯疊放在正面（膠面朝上），然後把領口車縫起來。

4

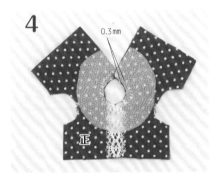

把領口的縫份和接著襯一起剪掉一半。把後面中心的多餘接著襯也剪掉。

5

把接著襯翻到反面，用熨斗燙貼黏合。

6

從正面看的樣子。

7

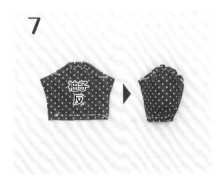

製作袖子。以手縫方式在袖山和袖口側各做一道平針縫，把線拉緊做出皺褶。

8

把袖頭對折，用熨斗燙平。和袖口正正相對縫合起來。

9

把袖頭倒向下方，調整形狀。另一邊的袖子也以同樣方式製作。

10

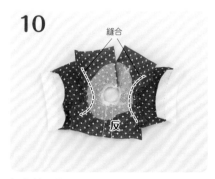

把身片和袖子正正相對接合，將袖孔車縫起來。

11

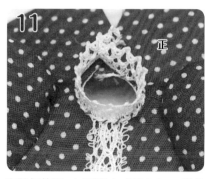

在頸根位置，以手縫方式縫上5mm寬的蕾絲。

12

把身片和袖子正正相對接合，縫合脇邊、袖下。這個時候，為免脇邊起皺，要以避開縫份的方式來縫（參照p.21）。

13

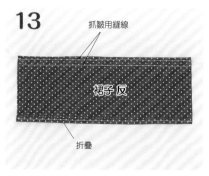

製作裙子。把裙子的下擺依照完成線折好，車縫起來。在上方車縫兩道抓皺用的縫線。

14

把線拉緊，做出皺褶。

15

把裙子和身片的腰頭部分正正相對縫合起來。縫合完畢之後，再把抓皺用的縫線拆掉。

16

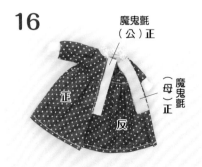

把後身片的兩端依照完成線折到內側，如圖片所示縫上魔鬼氈。

17

正正相對接合，從裙子的開口止點縫合至下擺為止。

18

以手縫方式在前身片、袖頭縫上珠子就完成了。

✿ 製作毛領斗篷

1

製作領子。把表布（絨毛布料）和裡布（棉華爾紗）正正相對疊好，空下領子縫合位置車縫起來。

2

翻回正面調整形狀。用錐子把被縫到內側的毛根挑出來撥鬆。

3

把身片的表布（棉法蘭絨）、裡布（棉華爾紗）的褶子縫好。

4

把表布的褶子從中央的折痕處剪開，用熨斗燙開。把裡布的褶子倒向中心側，用熨斗燙平。

5

把裡布和表布正正相對疊好，領子（絨毛朝向裡布側）夾在當中，將領口車縫起來。

6

重疊的方式是這樣。

7

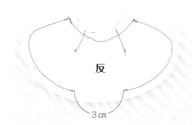

在下擺的中央留下3cm左右作為返口，沿著邊緣車縫起來。

8

把表布的縫份倒向內側用熨斗燙平。這樣處理之後，翻回正面的時候邊緣才會平滑美觀。

9

從返口翻回正面。再用錐子和熨斗調整形狀。

10

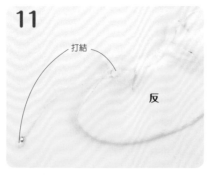

以藏針縫將返口縫合。

11

打結

反

將毛線穿過珠子，兩端打結。以手縫方式
縫在斗篷的領子根部，完成。

✿ 縫紉用語集

以下是本書中出現過的縫紉用語介紹。
出現看不懂的用語時，請在本頁加以確認。

● **門襟**
穿上衣服時所需要的開口部分。

● **壓線**
為了防止縫份或反折部位鼓起而在正面進行車縫的動作。

● **返口**
為了把2片正面相對縫合成袋狀的布翻回正面而預留的開口。

● **捲針縫合**
以用線捲繞的方式進行縫合的方法。

● **紙型**
根據布料的裁剪形狀所繪製的圖紙。本書的紙型都是原比例尺寸並包含縫份，所以影印之後就可直接使用。

● **抓皺**
以縮縫的方式在布料上做出皺褶。可增加份量感。

● **牙口**
在布邊剪出開口。

● **緞帶**
具有光澤及彈力的帶子。使用在衣服上的話可增添高級感。

● **刺繡用緞帶**
做緞帶繡時所使用的質地柔軟的緞帶。顏色相當豐富。

● **假縫**
在正式車縫之前，先用疏線線縫過、暫時固定的動作。

● **暗釦**
手指按壓即可扣合的類型的鈕釦

● **接著襯**
為了防止布料拉長或作為補強之用而襯在背面的布。附有背膠，用熨斗燙過就會黏合。

● **尖褶**
把布料抓起來縫合，以做出立體形狀的手法。

● **正正相對**
把2片的布料正面對正面疊合的意思。

● **縫份**
為了把布和布縫合而添加的多餘部分。

● **燙開縫份**
把縫份從接縫處往兩側攤開，用熨斗燙平的動作。

● **斜紋布**
需要將布紋轉成45度來裁剪的布料。

● **雞眼釦**
用來包住布料的洞口邊緣的環狀五金配件。

● **打褶**
用熨斗確實壓出折痕、做出褶子的手法。

● **燙鑽**
利用熨斗的熱度來黏貼的水鑽。

● **藏針縫**
正面看不出明顯針跡的縫合方法。參照p.69。

● **三折**
把布料折疊兩次，將布邊隱藏起來的收尾方法。

● **布耳**
指的是布料的寬幅的兩端。

● **魔鬼氈**
輕壓即可黏合的拉鍊替代品。鉤面又稱作公扣，毛面又稱作母扣。

● **對折線**
對折之後的布的折線部分。

✿ 服裝　各部位的名稱

以下是服裝各部位的位置及說明。在流程說明中，若有哪個部分的作法不清楚的話，請參考這裡。

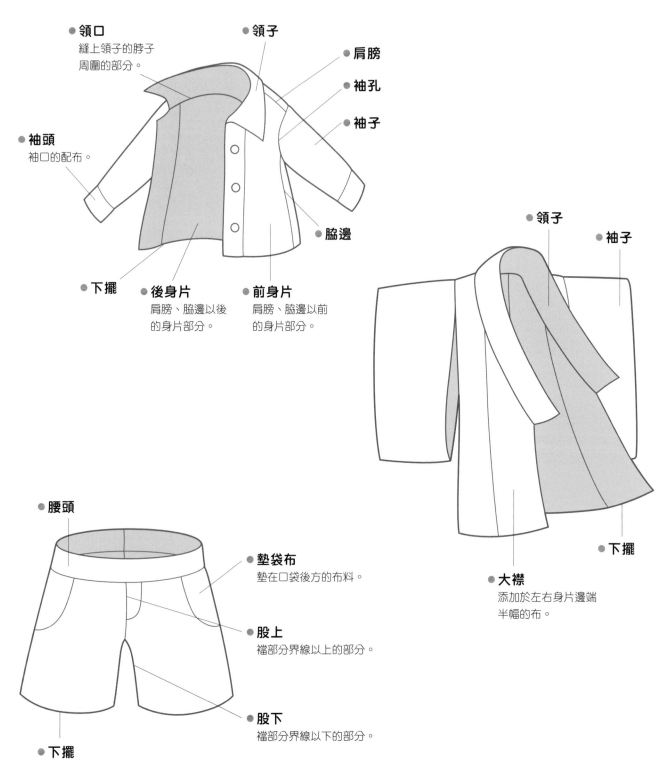

● **領口**
縫上領子的脖子
周圍的部分。

● **領子**

● **肩膀**

● **袖孔**

● **袖子**

● **袖頭**
袖口的配布。

● **脇邊**

● **下擺**

● **後身片**
肩膀、脇邊以後
的身片部分。

● **前身片**
肩膀、脇邊以前
的身片部分。

● **領子**

● **袖子**

● **下擺**

● **大襟**
添加於左右身片邊端
半幅的布。

● **腰頭**

● **墊袋布**
墊在口袋後方的布料。

● **股上**
襠部分界線以上的部分。

● **股下**
襠部分界線以下的部分。

● **下擺**

紙 型

— Pattern —

❋ 本書的紙型是全身式樣。

❋ 詳細說明請參照 p.18。

❋ 凸折線、凹折線的記號如下。

凸折 ----------------------------

凹折 —— — — — — — — —

1 制服 － Boy －

Photo … p.4
How to make … p.22

✤ 襯衫

領子（右）
表布×1、裡布×1

領子（左）
表布×1、裡布×1

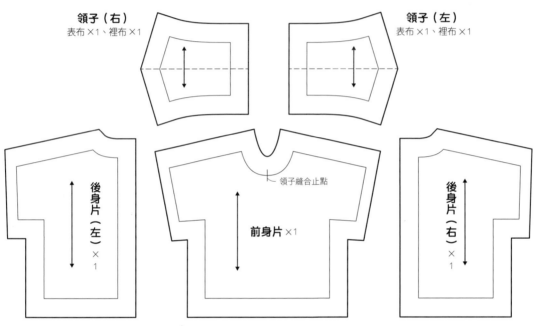

後身片（左）×1

前身片×1

領子縫合止點

後身片（右）×1

✤ 背心

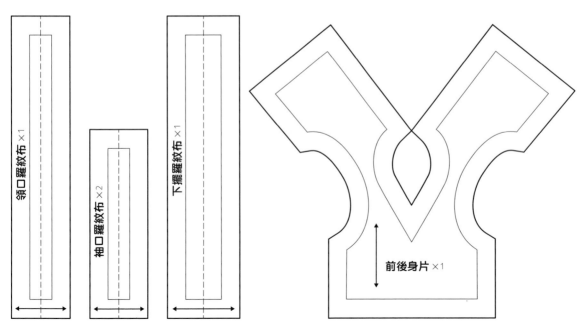

領口羅紋布×1

袖口羅紋布×2

下擺羅紋布×1

前後身片×1

✿ 西裝外套

領子縫合止點

鈕釦縫合位置

口袋縫合位置

前身片（右）×1

領子縫合止點

口袋縫合位置

前身片（左）×1

袖子×2

後身片×1

領子×1

口袋翻蓋×2

✿ 襪子

襪子×2

✿ 褲子

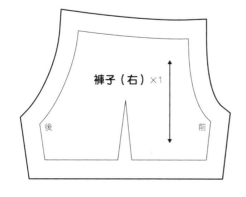

褲子（右）×1

後　　前

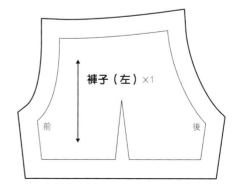

褲子（左）×1

前　　後

2 制服 — Girl —

Photo … p.4
How to make … p.30

❀ 上衣

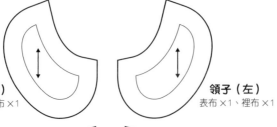

領子（右）
表布×1、裡布×1

領子（左）
表布×1、裡布×1

後身片（左）×1

前身片×1

領子縫合止點

後身片（右）×1

❀ 針織外套

袖口羅紋布×2

後身片×1

前身片（右）×1

熱轉印貼紙

刺繡

前身片（左）×1

脇邊　中心側　中心側　脇邊

下擺羅紋布×1

前羅紋布×1

袖子×2

左袖要縫上緞帶

✿ 背心裙

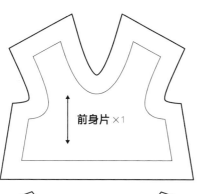

前身片 ×1

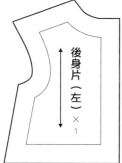

後身片（左）×1

後身片（右）×1

✿ 貝雷帽

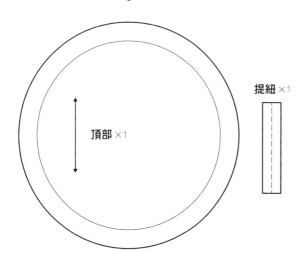

頂部 ×1

提紐 ×1

✿ 三折短襪

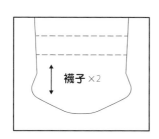

襪子 ×2

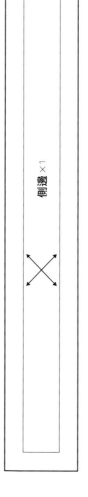

側邊 ×1

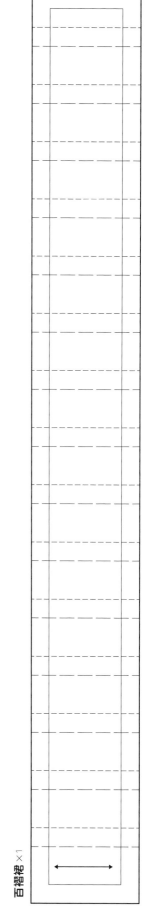

百褶裙 ×1

3 水手服 － Boy －

Photo ··· p.6
How to make ··· p.38

✿ 水手上衣

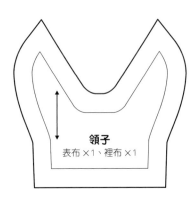

領子
表布×1、裡布×1

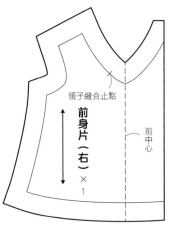

領子縫合止點
前身片（右）×1
前中心

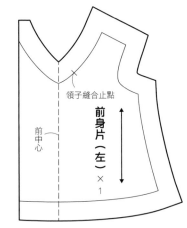

領子縫合止點
前中心
前身片（左）×1

後身片×1

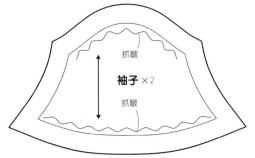

抓皺
袖子×2
抓皺

袖口×2

✿ 短褲

腰帶 ×1

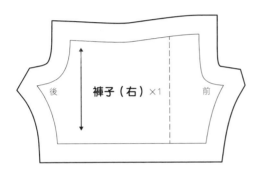

後　褲子（右）×1　前

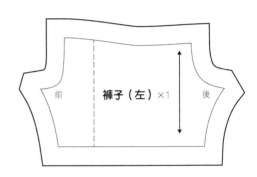

前　褲子（左）×1　後

✿ 襪子

襪子 ×2

4 水手服 ─ Girl ─

Photo … p.6
How to make … p.44

✿ 水手服洋裝

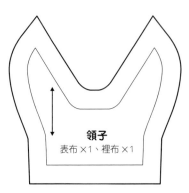

領子
表布×1、裡布×1

前身片（右）×1
領子縫合止點
前中心

前身片（左）×1
前中心
領子縫合止點

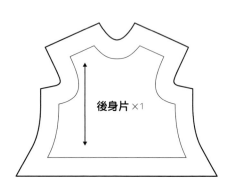

後身片×1

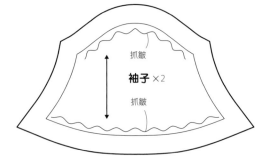

抓皺
袖子×2
抓皺

袖口×2

襪子

襪子 ×2

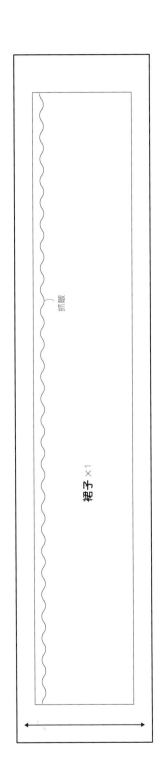

裙子 ×1

打皺

5 哥德蘿莉風 — Boy —

Photo … p.8
How to make … p.46

✿ 襯衫

領子
表布×1、裡布×1

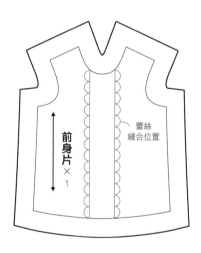

前身片×1

蕾絲
縫合位置

後身片（左）×1

後身片（右）×1

抓皺

袖子×2

袖口×2

✿ 背心 表布×1、裡布×1

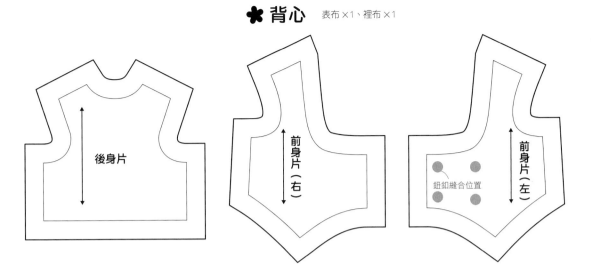

後身片

前身片（右）

前身片（左）

鈕釦縫合位置

✿ 褲子

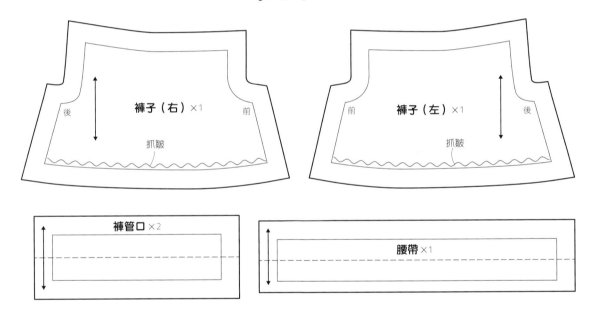

褲子（右）×1

後　　前

抓皺

褲子（左）×1

前　　後

抓皺

褲管口 ×2

腰帶 ×1

✿ 襪子

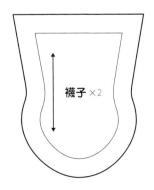

襪子 ×2

6 哥德蘿莉風 － Girl －

Photo … p.8
How to make … p.52

✿ 洋裝

領子
表布×1、裡布×1

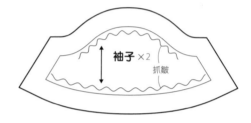

袖子×2
抓皺

前身片（右）×1

蕾絲縫合位置

袖口 ×2

後身片（左）×1

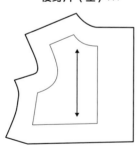

後身片（右）×1

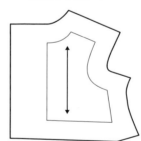

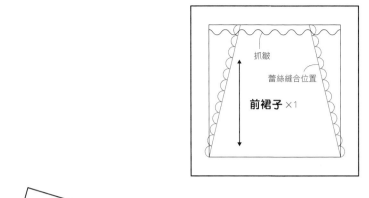

前裙子 ×1
抓皺
蕾絲縫合位置

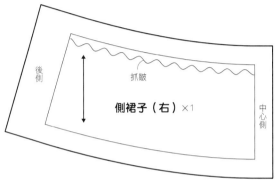
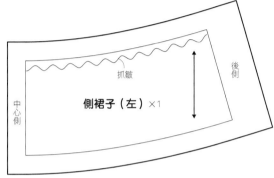

側裙子（右）×1
側裙子（左）×1
後側 / 中心側 / 抓皺

下擺荷葉邊（右）×1
抓皺

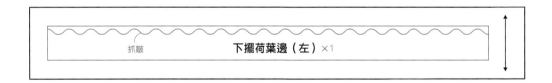

下擺荷葉邊（左）×1
抓皺

❀ 襯褲

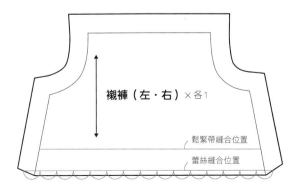

襯褲（左・右）×各1
鬆緊帶縫合位置
蕾絲縫合位置

❀ 襪子

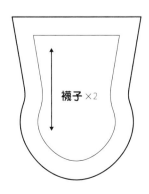

襪子 ×2

7 巫女

Photo … p.10
How to make … p.58

✿ 上衣

領子 ×1

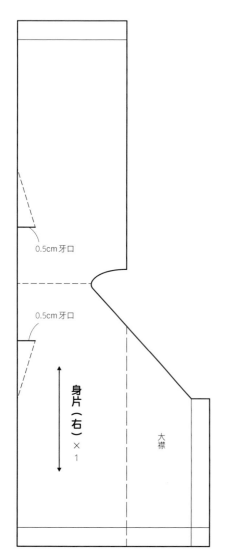

0.5cm 牙口

0.5cm 牙口

身片（右）×1

大襟

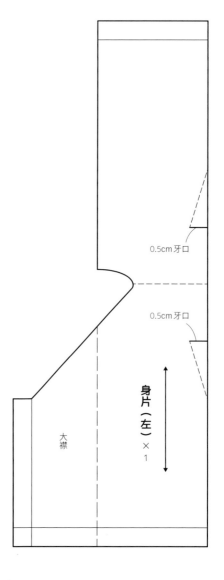

0.5cm 牙口

0.5cm 牙口

大襟

身片（左）×1

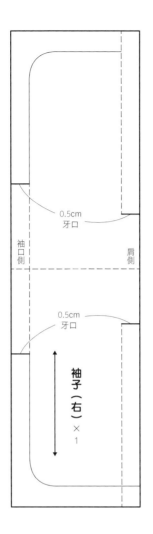

0.5cm
牙口

袖口側

肩側

0.5cm
牙口

袖子（右） ×1

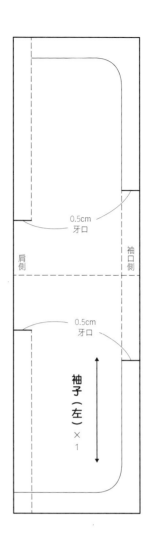

0.5cm
牙口

肩側

袖口側

0.5cm
牙口

袖子（左） ×1

伊達襟（紅）×1

✿ 長襯衣領子

長襯衣領子 ×1

✿ 緋袴

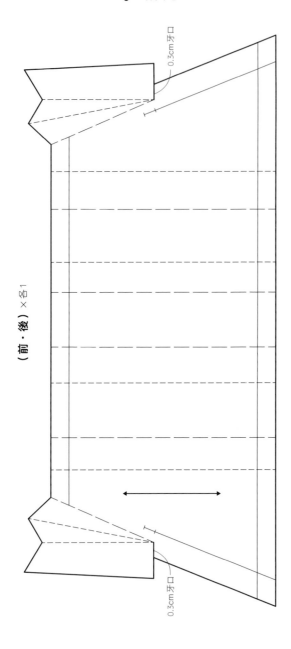

（前・後）×各1

0.3cm 牙口

0.3cm 牙口

腰帶（後）×1

對折線

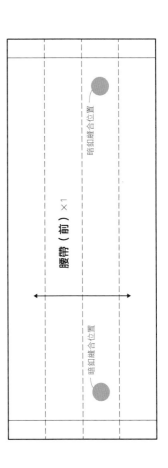

腰帶（前）×1

暗釦縫合位置

暗釦縫合位置

8 和服 — Boy —

Photo ⋯ p.10
How to make ⋯ p.62

✿ 和服

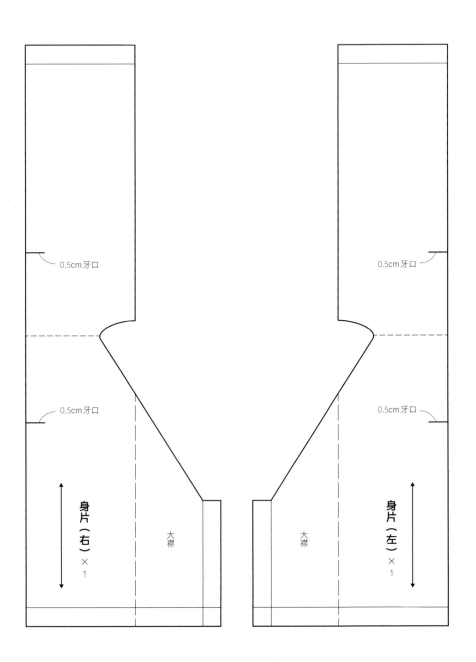

0.5cm牙口

0.5cm牙口

身片（右）×1

大襟

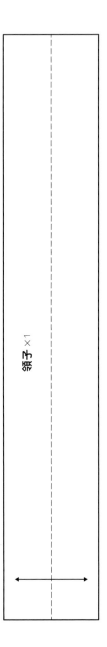

0.5cm牙口

0.5cm牙口

身片（左）×1

大襟

領子 ×1

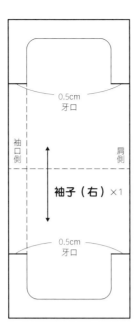

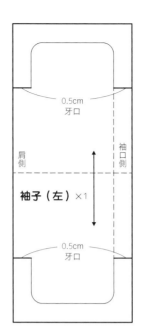

✿ 腰帶

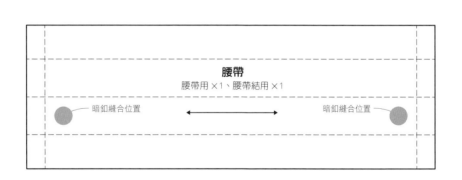

✿ 長襯衣領子

✿ 著裝用肚圍

9 和服—Girl —

Photo … p.10
How to make … p.66

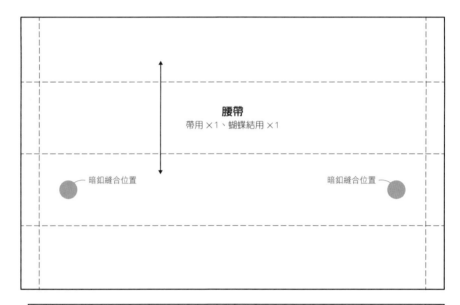

腰帶
帶用×1、蝴蝶結用×1

暗釦縫合位置　　　　　　　　　暗釦縫合位置

❀ **腰帶**

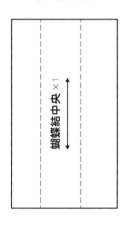

蝴蝶結中央 ×1

袖子內側 ×2

❀ **長襯衣領子**

長襯衣領子 ×1

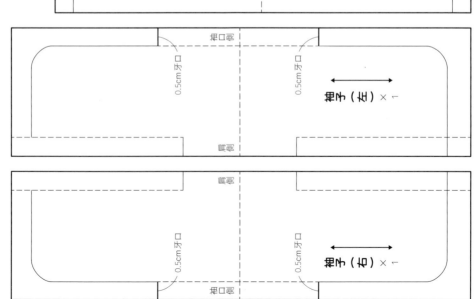

0.5cm牙口　　　0.5cm牙口

袖口區

袖子（右）× 1

袖口區

袖子（右）× 1

❀ 振袖

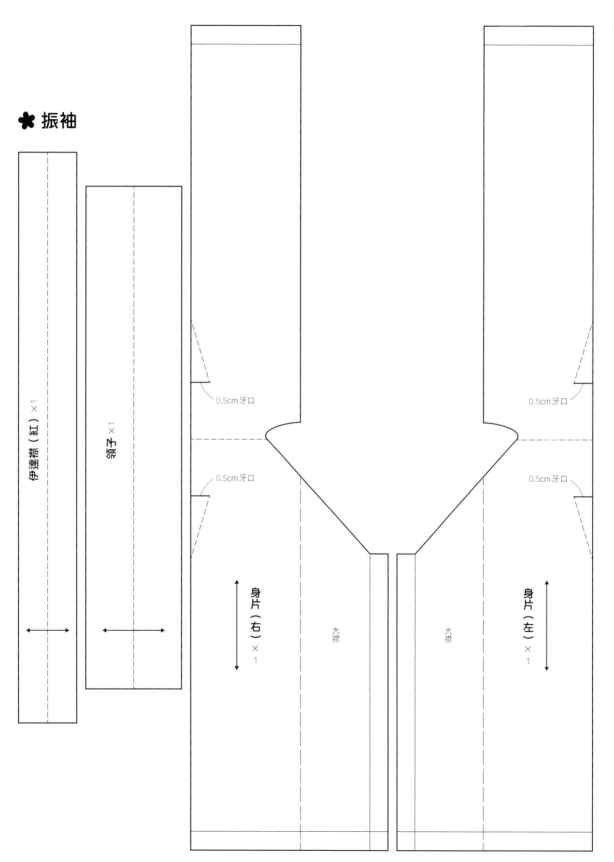

伊達襟（紅）×1

領子 ×1

0.5cm牙口

0.5cm牙口

0.5cm牙口

0.5cm牙口

身片（右）×1

大襟

大襟

身片（左）×1

10 牛仔風 — Boy —

Photo … p.13
How to make … p.70

✿ 連身褲

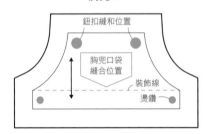

胸兜 ×1

鈕扣縫和位置

胸兜口袋
縫合位置

裝飾線
燙鑽

胸兜口袋 ×1

後面口袋 ×2

褲耳 ×1

墊袋布（右）×1   墊袋布（左）×1

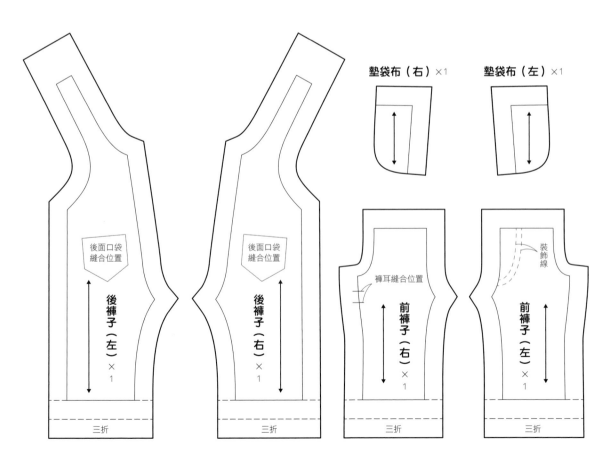

後面口袋
縫合位置

後褲子（左）×1

後面口袋
縫合位置

後褲子（右）×1

褲耳縫合位置

前褲子（右）×1

裝飾線

前褲子（左）×1

三折   三折   三折   三折

✿ 棒球帽

頂端 ×1

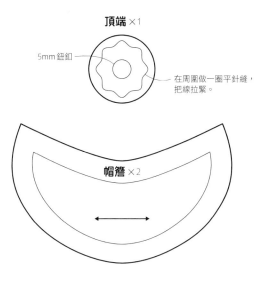

5mm 鈕釦

在周圍做一圈平針縫，
把線拉緊。

帽簷 ×2

帽冠 ×3
（其中1片是不同的顏色）

✿ 插肩T恤

前身片 ×1

袖子 ×2

後身片（左）×1

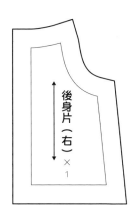

後身片（右）×1

領口 ×1

11 牛仔風 — Girl —

Photo … p.12
How to make … p.76

✿ 牛仔夾克

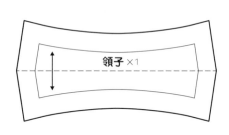

領子×1

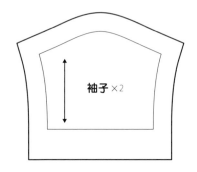

袖子×2

前身片（右）×1

前身片（左）×1

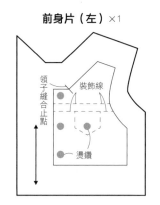

裝飾線
領子縫合止點
燙鑽

領子縫合止點
裝飾線
燙鑽

✿ 小可愛

裝飾線
後身片×1

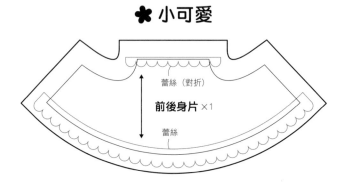

蕾絲（對折）
前後身片×1
蕾絲

✿ 毛線帽

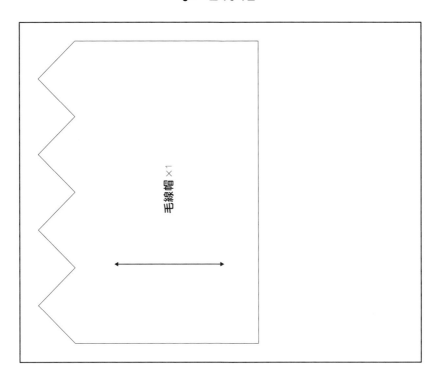

毛線帽 ×1

✿ 短褲

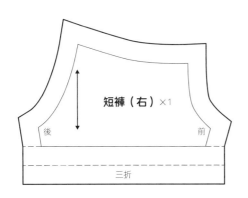

短褲（右）×1

後　　　前

三折

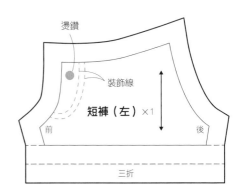

燙鑽

裝飾線

短褲（左）×1

前　　　後

三折

✿ 及膝襪

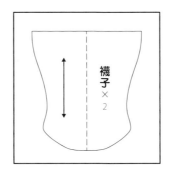

襪子 ×2

12 外套 - Boy -

Photo … p.14
How to make … p.82

✿ 軍裝外套

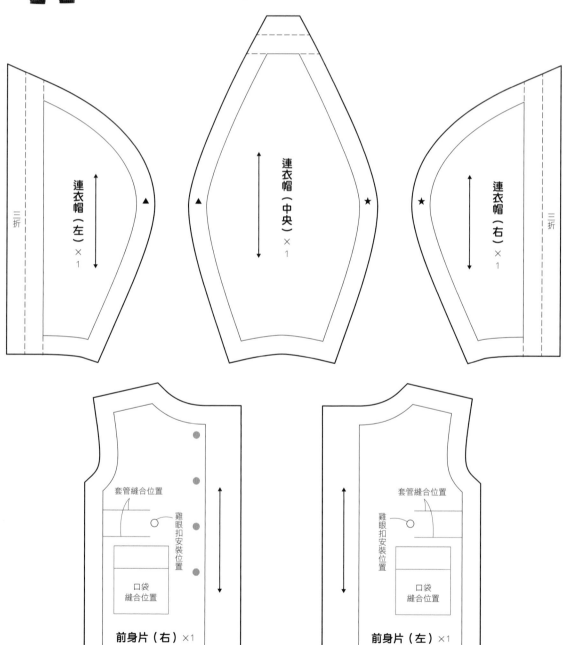

三折

連衣帽（左）×1 ▲

▲ 連衣帽（中央）×1 ★

★ 連衣帽（右）×1

三折

套管縫合位置

雞眼扣安裝位置

口袋縫合位置

前身片（右）×1

套管縫合位置

雞眼扣安裝位置

口袋縫合位置

前身片（左）×1

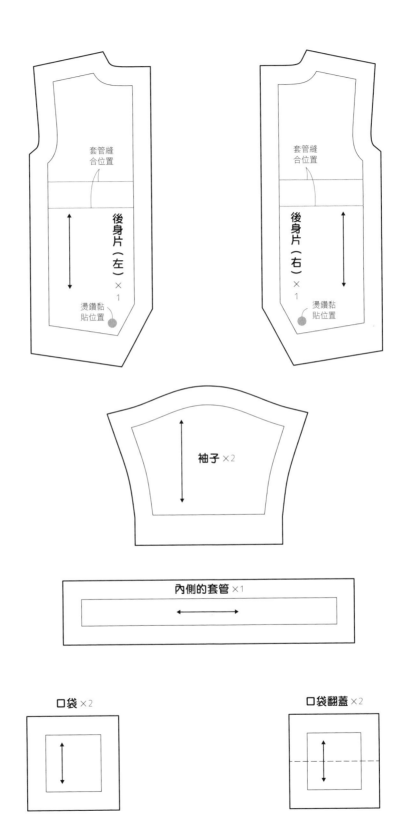

套管縫
合位置

後身片（左）×1

燙鑽黏
貼位置

套管縫
合位置

後身片（右）×1

燙鑽黏
貼位置

袖子×2

內側的套管×1

口袋×2

口袋翻蓋×2

✿ 高領上衣

領子×1

前身片×1

袖子×2

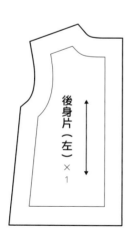

後身片（左）×1

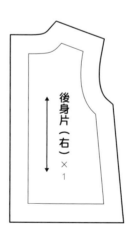

後身片（右）×1

✿ 窄管褲

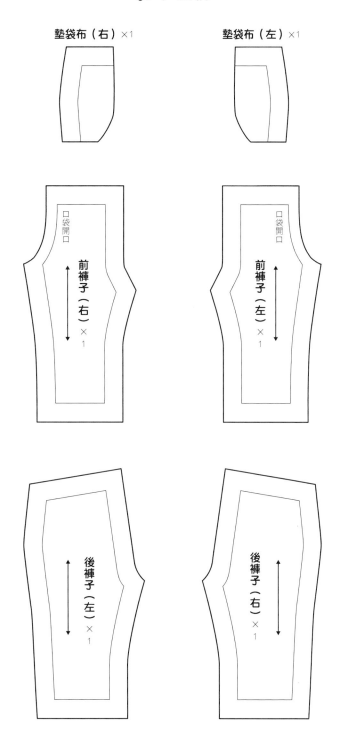

墊袋布（右）×1　　墊袋布（左）×1

前褲子（右）×1　　前褲子（左）×1

後褲子（左）×1　　後褲子（右）×1

袋開口

13 外套 — Girl —

Photo … p.14
How to make … p.90

✿ 毛領斗篷

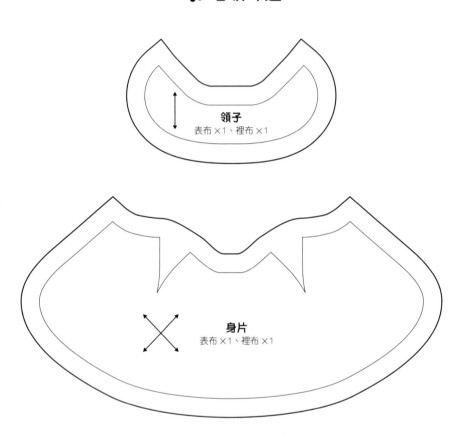

領子
表布×1、裡布×1

身片
表布×1、裡布×1

✿ 長洋裝

領子
接著襯 ×1

前身片 ×1   後身片（左）×1   後身片（右）×1

珠子

蕾絲
縫合位置

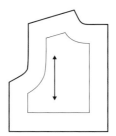

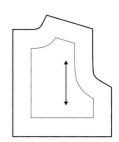

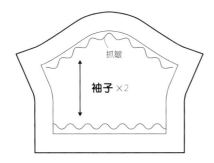

抓皺

袖子 ×2

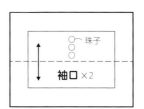

珠子

袖口 ×2

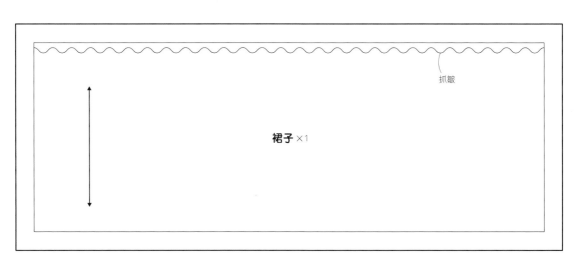

抓皺

裙子 ×1

HAJIMETE NO DOLL NUNOFUKU RECIPE NENDOROIDDOLLSIZE GA TSUKURERU
© GOOD SMILE COMPANY 2019
Originally published in Japan in 2019 by Seibundo Shinkosha Publishing Co., Ltd.
Chinese translation rights arranged through TOHAN CORPORATION, TOKYO.

監 修　GOOD SMILE COMPANY
以模型・玩具・周邊商品為中心展開企劃、製作、生產等主要業務。
不僅僅是企劃製作生產，連宣傳廣告、營運等相關業務也配置有專業
人員，以萬全的體制來推出商品。近年來除了將日本流行嗜好推廣至
海外、展開與海外藝人的合作企劃之外，也開始經營咖啡廳。

Good Smile Company
官方網站　　　黏土娃介紹　　Good Smile Company　Good Smile Company　Good Smile Company
　　　　　　　　　　　　　　　官方LINE帳號　　　官方FB帳號　　　官方嘆浪帳號

讀取QR碼，獲取Good Smile Company與黏土娃最新情報！

作 家　QP（岡 和美）
　　　　M・D・C（思い当たる）
　　　　螢之森工房（尾園 一代）

Staff　攝影…小林キュウ／內田祐介
　　　　書籍設計…稻村 穰（株式會社WADE手藝製作部）
　　　　繪圖…森崎達也、高堂 望（株式會社WADE手藝製作部）

協 力　GOOD SMILE COMPANY企劃部／製造部／廣告宣傳部／營業部
　　　　攝影協力…竹むら／LECURIO／jardin nostalgique

第一本黏土娃服裝製作書：
輕鬆享受幫心愛角色製衣＆換裝的樂趣

2020年3月 1 日初版第一刷發行
2022年7月15日初版第三刷發行

譯　　者　許倩佩
責任編輯　魏紫庭
美術編輯　黃瀞瑢
發 行 人　南部裕
發 行 所　台灣東販股份有限公司
　　　　　＜地址＞台北市南京東路4段130號2F-1
　　　　　＜電話＞(02)2577-8878
　　　　　＜傳真＞(02)2577-8896
　　　　　＜網址＞http://www.tohan.com.tw
郵撥帳號　1405049-4
法律顧問　蕭雄淋律師
總 經 銷　聯合發行股份有限公司
　　　　　＜電話＞(02)2917-8022

國家圖書館出版品預行編目(CIP)資料

第一本黏土娃服裝製作書：輕鬆享受幫心愛角色
製衣＆換裝的樂趣 / GOOD SMILE COMPANY
監修；誠文堂新光社編；許倩佩譯. -- 初版. --
臺北市：臺灣東販，2020.03
128面；21×25.7公分
ISBN 978-986-511-283-7(平裝)

1.縫紉 2.手工藝 3.洋娃娃

426.3　　　　　　　　　　　　　　109001100